序1

王建荣

中国茶叶博物馆馆长

中国是茶的原产地，茶的故乡，茶是中国奉献给世界人民的健康饮品。

自古以来，上自宫廷礼仪，下至民间风俗，乃至文士茶会、寺院茶事，茶可谓无处不在。人们以茶自省，以茶明志，以茶会友，以茶待客，以茶礼佛，以茶敬祖。茶于无意之中，悄悄融入我们的精神领域。随着岁月的流逝，茶渐渐地成了中华民族的举国之饮。

本书于2008年出版中文版，2011年推出英文版，2014年在中、英文版的基础上进行了提炼升华，正式推出典藏版。

全书共分八章，系统介绍我国茶叶加工发展史、茶叶的命名和分类、品茶艺术、茶与健康、茶叶的审评及选购、茶叶的贮藏、茶席设计等内容，重点介绍了中国历史名茶及新创名茶。其中，品茶艺术和茶席设计为新增章节。

清清茶水送健康，愿天下人共泡天下之茶，蕴一片芳香，品一杯真情。

是为序。

序2

陈宗懋

中国工程院院士
中国茶叶学会名誉理事长

茶是人与大自然共创的杰作，她以自然、拙朴的面貌融入中国人的生活之中。喝茶不仅是中国人实实在在的生活需要，同时也是一种意味深长的生活情趣。中国作为茶的原产地，有悠久的茶叶生产和饮用历史。中国的制茶和饮茶习俗直接或间接地促进了世界上其他国家茶业的发展，目前世界上已有二十多亿人饮茶。

当今，中国是世界上的茶叶生产大国，茶叶产量占全球茶叶总产量的四分之一。中国茶叶产区辽阔，分布在北纬18°—37°，东经94°—122°的广阔范围内，包括浙江、江苏、安徽、江西、山东、湖南、湖北、广西、广东、福建、海南、四川、重庆、云南、贵州、陕西、河南、甘肃、西藏等省、市、自治区和台湾地区，形成了六大基本茶类：绿茶、红茶、青茶（乌龙茶）、白茶、黄茶和黑茶，以及众多的茶制品。世界人民不仅可享受茶叶的芳香和品饮情趣，还可以增进健康。

中国还是世界上的茶叶消费大国。"茶为国饮"的倡导为全民饮茶提供了契机，茶文化在中国的发展又为茶叶消费增添了新的机缘，饮茶带来了身心的放松。近年来，茶叶科技发展迅猛、茶叶生产贸易业绩喜人，茶文化日益繁荣，茶叶消费也得到进一步增长。

面对品种繁多的茶叶，如何鉴别选购，如何选配茶具，如何冲泡使茶叶更香醇，如何保存茶叶，都是消费者亟待解答和引导的。

本书除了介绍中国众多的名茶品种外，还针对日常生活中人们关心的茶叶常识，包括中国茶叶的分类、茶的保健功用、茶的选购和保存等作了通俗易懂的介绍，使大家对如何选茶、如何饮茶有了更深的了解。

受王建荣馆长之邀，特作此序。

目 录

参考书目

History of
Tea Processing
in China

中 国 茶 叶 加 工 发 展 史

传说神农氏最早发现茶

生煮羹饮时期主要的煮茶器——青铜釜

　　中国是茶叶的故乡，有着悠久的种茶、制茶和饮茶历史。最初，茶是作为药被发现和利用的，距今已有四五千年之久。经过长期的实践，人们认识到茶叶的使用价值，开始人工栽培，并不断改进制茶工艺，使茶从"万病之药"发展成为清热解渴、清香鲜美的日常饮品。

　　商周两朝，"国之大事，在祀与戎"，国家大事除了出征打仗就是祭祀拜祖。在那个时期茶叶已被作为祭祀用品之一。春秋时期，茶仍多被作为祭祀用品，很少有人把茶视为饮品。据南朝宋刘义庆《世说新语》载，晋司徒长史王濛嗜茶，喜欢以茶待客，但宾客们都很不习惯，戏称茶为"水厄"。这说明至少在东晋以前大多数人对饮茶仍无法接受。魏晋南北朝时期佛教盛行，由于茶可提神，僧道对茶赏识有加，茶的声誉才大闻于世，茶业迅速发展。隋唐以后随着佛教的进一步传播，交通运输条件的改善，以及文人雅士对茶的喜爱，饮茶之风遍及全国，茶叶逐渐成为大众喜爱的饮品。人们接受和喜爱饮茶以后，开始不断探索和实践，以求这种饮品更加美味可口。历经数代人的努力，茶叶制作工艺日益精湛，品质日渐优异，发展至今已形成花色品种齐全的六大基本茶类——绿茶、红茶、青茶（乌龙茶）、白茶、黄茶和黑茶。

　　制茶技术的发展从稚嫩走向成熟，大致经历了生食茶叶、生煮羹饮、晒干收藏、蒸青做饼和炒青散茶的过程，到明末清初，绿茶、红茶、青茶（乌龙茶）、白茶、黄茶和黑茶六大茶类基本齐全。今天，科技的进步使茶叶加工继续向纵深发展，茶叶的深加工和综合利用给茶业注入了新的活力。

从生食鲜叶到晒干收藏

　　神农时期，人们已经认识到茶叶可作为解毒之药，通过生食茶叶来实现它的药用功能。后来逐渐发展成生煮羹饮，将采来的新鲜茶叶经水煮后食用，这在《晋书》中有记载："吴人采茶煮之曰茗粥。"我国西南地区的一些少数民族至今还保留着生食茶叶的习俗，居于云南省景洪县基诺山区的基诺族人将新鲜茶叶揉碎后放入碗中，加少许黄果叶、大蒜、辣椒、盐等，再加泉水拌匀，便做成鲜美可口的凉拌茶。

　　从商周到春秋时期，茶叶成为祭祀用品。为便于随时使用，需要晒干收藏。汉代司马相如《凡将篇》中记录了二十三种中草药，茶为其中之一。众所周知，中草药大多晒干收藏。晒干后的茶叶经过光热作用内质起了很大变化，这可以看作是茶叶加工的起源。

晒茶

基诺族人以凉拌茶为菜

做凉拌茶的作料

团饼茶加工日益完善

三国魏张揖《广雅》曰:"荆、巴间采叶作饼,叶老者,饼成以米膏出之。欲煮茗饮,先炙令赤色,捣末置瓷器中,以汤浇覆之,用葱、姜、橘芼之。"由此可知,在魏以前就应当有饼茶的做法。这种制茶方式简易,嫩叶、老叶都可做成饼状以便收藏,但茶的青草气和苦涩味未能去除,饮用时须加入葱、姜等香料来调味。

经研究改进,到唐代,人们开始在饼茶简易加工的基础上利用蒸汽来去除茶的青草气和苦涩味。唐代陆羽《茶经》记载:"(茶)其日有雨不采,晴有云不采。晴采之,蒸之,捣之,拍之,焙之,穿之,封之,茶之干矣。"茶叶采来后,蒸软捣碎,拍成饼状再烘干保存。《广雅》中记载当时仅有茶叶制饼,并无其他工序,只提及饮用时碾碎。唐代则增加了蒸制茶叶的工序,通过蒸热挥发茶的青草气;加工中还多了道捣碎工序,使制成后的饼茶外形更加精细美观,更利于冲泡时茶汁的溢出。唐代始创贡焙制度,制作质地优良的饼茶以贡天子,被很多官员看作平步青云的捷径。唐代诗人卢全《走笔谢孟谏议寄新茶》中有"开缄宛见谏议面,手阅月团三百片"的诗句,其中"月团"就是指当时的饼茶,因其形如满月,故名。这首诗的背景是:友人身为谏议大夫,位高权重才有机会得到贡茶并赠送卢全。从中可见精巧的饼茶在当时只有上层社会人士才有机会享用。

文会图(宋 赵佶)

卢全饮茶图

大龙团茶 小凤团茶

团饼茶的制作在宋代达到了登峰造极的程度。宋太祖赵匡胤穷奢极欲，下诏在贡茶上印制龙凤图案以尊显天子龙威。有记载"（宋）太平兴国初，特置龙凤模，遣使即北苑造团茶，以别庶饮，龙凤茶盖始于此"。天子饮茶要有别于庶民，这就是制作龙凤团茶的起因。976年前后，丁谓始制大龙团，一斤八饼；约1045年，蔡襄创制小龙团，一斤二十饼，更为小巧精致；其后又有密云龙，其品又在小龙团之上。这一时期的制茶技艺可谓炉火纯青，其繁琐程度也史无前例，据宋赵汝砺《北苑别录》载："采茶之法，须是侵晨，不可见日"；"蒸茶：茶芽再四洗涤，取令洁净。然后入甑，俟汤沸蒸之"；"榨茶：入小榨以去其水，又入大榨出其膏"；"研茶：研茶之具，以柯为杵，以瓦为盆，分团酌水，亦皆有数"；"过黄：茶之过黄，初入烈火焙之，次过沸汤爁之。凡如是者三，而后宿一火，至翌日遂过烟焙焉。然烟焙之火不欲烈，烈则面炮而色黑。又不欲烟，烟则香尽而味焦。但取其温温而已"。这是关于龙凤团茶加工的完备记载。茶芽采下，先在水中洗干净，再置于蒸笼；蒸好后用冷水冲洗，使其很快冷却以尽量保持绿色；然后用小榨压出多余水分，大榨去除部分茶汁，避免味道过于苦涩；去汁后将茶研细再压模烘干。

这种制茶工艺精益求精，只为满足王公贵族的奢靡生活，"茶之品莫贵于龙凤，谓之小团，凡二十片重一斤，其价值金二两，然金可有，而茶不可得"。说明龙凤团茶非常贵重，百姓为制茶日以继夜地辛苦劳动，但只有极少数的上层人士才能享用。直到明太祖朱元璋下诏废贡团茶改贡散茶，劳民伤财的龙凤团茶才从此一去不返。

从蒸青团茶到蒸青散茶

古时茶叶从生食到晒干收藏并未做饼成形，可以看作是散茶，但那时并未系统地加工制作。唐代陆羽《茶经》中有"饮有粗茶、散茶、末茶、饼茶者"的文字；李肇《唐国史补》也提到散茶："风俗贵茶，茶之名品益众，剑南有蒙顶石花或散芽，号为第一。"唐代以团饼茶生产为主，关于散茶加工的记载很少。至宋代，民间的茶叶生产则以散茶为主。散茶也称"草茶"，欧阳修在《归田录》中有"草茶盛于两浙"句，反映了当时散茶已形成地域性规模化生产。元王祯《农书》中提及蒸青散茶的生产工艺为："采之宜早，率以清明、谷雨前者为佳……采讫，以甑微蒸，生熟得所。蒸已，用筐箔薄摊，乘湿略揉之，入焙，匀布火烘令干，勿使焦。编竹为焙，裹箬覆之，以收火气。"可知其时散茶加工程序为：蒸汽杀青、揉捻、烘干。茶叶微蒸后不仅可起到杀青作用，而且茶叶蒸后软化，揉捻不易断碎，最后再分两次烘干。这种加工方式与现今蒸青绿茶加工已经非常相似。

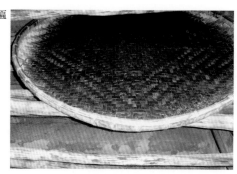

摊晾茶叶用的竹匾

从蒸青到炒青

炒青绿茶最早的文字记载当数唐代刘禹锡的《西山兰若试茶歌》，其中曰："山僧后檐茶数丛，春来映竹抽新芽。宛然为客振衣起，自傍芳丛摘鹰嘴。斯须炒成满室香，便酌沏下金沙水。"形象的描述表明炒制更利于青草气的挥发，形成茶叶自然的香味。

通过不断实践，人们认识到蒸青散茶香气不够浓郁，于是出现了利用干热发挥茶叶香气的炒青技术。到明代，炒青制法日趋完善，各地炒青绿茶名品不断涌现，如徽州松萝茶、杭州西湖龙井、歙县老竹大方、嵊县珠茶等。其制法大体为：高温杀青、揉捻、炒干。明罗廪《茶解》中有详细记载："炒茶铛宜热，焙铛宜温。凡炒止可一握，候铛微炙手，置茶铛中，札札有声，急手炒匀，出之箕上，薄摊，用扇扇冷，略加揉挼，再略炒，入文火铛焙干，色如翡翠。"其中明确指出要高温快速杀青，冷却后再揉捻，以免影响茶叶品质。这种工艺已经非常接近于现代炒青绿茶的制作。

西湖龙井茶的炒制手法

压

磨

抓

抖

玫瑰

从素茶到花茶

北宋蔡襄《茶录》曰："茶有真香，而入贡者微以龙脑和膏，欲助其香。"宋时入贡的龙凤团茶，为增加香气，有时在其中添入龙脑香。

南宋施岳《步月·茉莉》词注曰："茉莉岭表所产……此花四月开，直至桂花时尚有芳味，古人用此花焙茶。"这是最早的关于茉莉花茶的记载。

明代窨花制茶技术逐渐完善，可用于窨花茶的花品种很多。朱权《茶谱》记载了花茶的制作方法："百花有香者皆可。当花盛开时，以纸糊竹笼两隔，上层置茶，下层置花，宜密封固，经宿开换旧花。如此数日，其茶自有香味可爱。有不用花，用龙脑熏者亦可。"可见当时已采用定期更换香花的方法来提升香气，类似现在的多次窨花。只是当时茶与花并未掺和，产量少，直至清咸丰年间以后花茶才有大规模的生产，广受北方地区人民的喜爱。古人对花茶香气也有精辟的见解："花多则太香而脱茶韵，花少则不香而不尽美。"强调了花的用量要恰到好处，才能使茶既有鲜灵的花香又不失真味。现代窨制花茶，多以烘青绿茶为茶坯，与香花掺和后制成茉莉花茶、珠兰花茶、桂花茶、玫瑰花茶等。

从绿茶发展至其他茶类

在制茶的过程中，人们不断实践，制作工艺从不发酵、半发酵到全发酵，不同发酵程度引起茶叶内质变化，最终形成品质特征各不相同的六大茶类。

红茶的起源

红茶起源于16世纪，在茶叶制作过程中，用日晒代替杀青，揉捻后叶色红变而产生了红茶。最早的红茶生产从福建崇安的正山小种开始。正山小种出现后，其制法传至安徽祁门，创制了后来驰名中外的祁门红茶。20世纪初，印度、斯里兰卡等地在我国红茶加工的基础上，将茶叶切碎加工而成红碎茶。我国于20世纪50年代开始也试制红碎茶。

青茶（乌龙茶）的起源

青茶即乌龙茶，品质特征介于绿茶、红茶之间。乌龙茶加工既有红茶的发酵工艺，又有绿茶的杀青制法。乌龙茶起源于明朝末年至清朝初年，最早在福建武夷山创制，后传至广东、台湾等地。清初王草堂《茶说》曰："（武夷茶）采后，以竹筐匀铺，架于风日中，名曰晒青，俟其青色渐收，然后再加炒焙……烹出之时，半青半红，青者乃炒色，红者乃焙色也。"其中提到的"半青半红"就是乌龙茶绿叶红镶边的典型特征。

白茶的起源

　　白茶创制于明代。明代田艺蘅《煮泉小品》记载："芽茶以火作者为次，生晒者为上，亦更近自然……青翠鲜明，香洁胜于火炒，尤为可爱。"宋徽宗《大观茶论》曰："白茶自为一种，与常茶不同，其条敷阐，其叶莹薄，崖林之间偶然生出，盖非人力所可致。"这里记载的白茶是一种罕见的、与众不同的茶树品种，并且制作方法仍依照团饼茶的方法，因此并不是今天众所周知的不炒不揉轻微发酵的白茶。《随见录》中也有关于白茶的记载："凡茶见日则味夺，惟武夷岩茶喜日晒……逐片择其背上有白毛者，另炒另焙，谓之白毫，又名寿星眉。"白茶最先由福建省福鼎县创制，其后又传到政和等地，先有白毫银针，后来又有白牡丹、贡眉、寿眉等。

黄茶的起源

　　形成黄茶品质的关键工序是闷黄。揉捻后堆积，使茶叶在湿热作用下品质发生变化，产生黄叶黄汤，就形成了黄茶。《唐国史补》记载："寿州有霍山之黄芽，蕲州有蕲门团黄，而浮梁之商货不在焉。"说明唐代已经有黄茶的生产。

黑茶的起源

　　唐宋以来，政府采用茶马交易来以茶治边。当时盛产蒸青绿茶，将茶叶装入篓包后，经长途运输，防水性差的篓包内茶叶吸水引起内含成分氧化聚合，形成不同于蒸青绿茶的风味，逐渐演变成黑茶。北宋熙宁年间有用绿毛茶做色变黑的记载。绿茶杀青时叶量过多、火温低，或以绿毛茶堆积发热，形成湿热发酵的环境，使叶色变为接近黑色的深褐色，这是产生黑茶的过程。

茶马古道遗址

茶马交易

茶 叶 的 命 名 和 分 类

Nomenclature
and Classification
of Tea

龙井茶园

中国产茶历史悠久，产茶区域辽阔。历经数千年的生产实践，人们不断创造并发展了品质优异、制作精良、裨益身心的各类名茶。花色品种丰富的茶叶，每一种都有相应的类别和名称且类别和名称之间相互联系。

第一节　茶叶的命名

茶人常说："茶叶学到老，茶名记不了。"茶叶命名大致分以下几种：根据产地不同命名，根据产地的名山胜水命名，根据茶叶形状不同命名，根据茶叶色泽或汤色命名，根据茶叶香气、滋味特点命名，根据采摘时节命名，根据加工制作工艺命名，根据包装形式命名，根据茶树品种命名，根据添加的果汁、中药材及所具功效命名。

根据产地不同命名

茶叶名称最早多以产地为名，如唐代名噪一时的贡茶阳羡茶就是以产地命名的。阳羡为古地名，即今江苏宜兴。信阳毛尖产于河南信阳，也是以产地命名的。还有开化龙顶、安吉白茶等。这种命名方式使人看到茶名就对茶叶产地一目了然。

根据产地的名山胜水命名

很多名茶都以产地的名山胜水命名。我国历史名茶日铸茶，"日铸"是山名，位于浙江绍兴；众所周知的西湖龙井，名称与杭州西湖紧密结合；还有庐山云雾、蒙顶茶等。提到这些茶名就会联想到相关的山水，使名茶与名山胜水相得益彰。

根据茶叶形状不同命名

茶叶形状千姿百态，有的弯似眉，有的曲如螺，还有的细直如针，因此就产生了根据茶叶形状命名的方式。如圆润如珠的珠茶，外形扁平似瓜子形的六安瓜片，细紧如针的安化松针，卷曲如螺的碧螺春，外形扁平匀齐、苗锋显露的剑茶等。

卷曲形茶　　　　　　　　针形茶　　　　　　　　珠形茶

白茶茶汤　　　　　　　　红茶茶汤　　　　　　　　绿茶茶汤

根据茶叶色泽或汤色命名

以茶叶色泽或汤色命名的方式很直观，如蒙顶黄芽，品质为黄叶黄汤，属黄茶；祁红，汤色红艳，属红茶，其名称体现了这些特征；还有白毫银针，银装素裹，命名非常形象。

根据茶叶香气、滋味特点命名

有些茶以香气和滋味命名，强调茶叶优良的品质特征。如泰顺的绿茶三杯香就是以香气命名的；乌龙茶有浓郁的花香或果香，其中奇兰、芝兰等名品是以茶汤滋味命名的，以此形容茶的天然花香；甘露茶也是以滋味命名，形容其口感清新甘爽。

根据采摘时节命名

以采摘时节命名的茶叶明确表示了茶叶的产制时间。明前茶是指在清明以前采摘、制作的茶叶，雨前茶是指在谷雨以前采摘、制作的茶叶。茶叶的采摘季节多为春、夏、秋季，而南方的福建、台湾等高温湿润地区冬季也采茶。以季节命名茶叶，如春茶、冬片等，是区分不同季节茶叶的方式。

根据加工制作工艺命名

不同的茶类有不同的制作方式，同一茶类，其加工工艺也未必完全相同。茶的最后一道工序是干燥，干燥方式有三种，有的采用烘干叫"烘青"，有的采用炒干叫"炒青"，有的采用晒干叫"晒青"。绿茶中以蒸汽来杀青的称"蒸青茶"，半成品茶用鲜花窨制的称"花茶"。红茶为发酵茶，绿茶为不发酵茶，乌龙茶为半发酵茶，这是根据加工过程中发酵程度来区分的。

大红袍茶树

梅占茶树

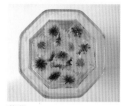

菊花

花叶薄荷

根据包装形式命名

袋泡茶、罐装茶是根据包装形式命名的。云南地区的竹筒茶也属这一命名方式。

根据茶树品种命名

以茶树品种命名的茶很多,如福建的水仙、梅占、大红袍,既是茶叶名称又是茶树名称。

根据添加的果汁、中药材及所具功效命名

市面上的柠檬红茶、薄荷茶、菊花甘草茶、杜仲茶、减肥茶、解酒茶,是根据添加的果汁、中药材及所具功效来命名的。

第二节　茶叶的分类

根据制作方法不同而产生的品质差异,可将茶叶分为绿茶、红茶、青茶(乌龙茶)、白茶、黄茶和黑茶六大基本茶类,另外还有再加工茶类,如花茶、紧压茶、萃取茶等。

绿茶

绿茶是我国产量最多的一类茶叶,全国二十个产茶省、市、自治区都有生产。绿茶制作的基本工艺流程分杀青、揉捻、干燥三个步骤。杀青是用高温破坏酶促作用,制止多酚类物质的氧化作用,并尽可能地保护叶绿素不被破坏,保证绿茶绿叶清汤的品质特征。杀青方式有干热杀青和蒸汽杀青两种,以蒸汽杀青制成的绿茶称"蒸青绿茶"。绿茶的干燥方式有炒干、烘干和晒干之别,分别称"炒青"、"烘青"和"晒青"。

20世纪50年代皖南山区制茶工具四桶揉捻机　　拣茶（福建省安溪县感德镇政府 供图）　　熏制小种红茶的松木

炒青绿茶是我国绿茶中的大宗产品，其制法是：高温杀青、揉捻、炒干。最后阶段的干燥采用炒干的方法，故名"炒青绿茶"。以形状分，炒青绿茶包括长炒青（眉茶）、圆炒青（珠茶）、扁炒青（西湖龙井）。

鲜叶经过杀青、揉捻，而后烘干的绿茶称为"烘青"，其外形条索完整，白毫显露，色泽绿润，冲泡后茶汤香气清鲜，但不及炒青高锐，滋味鲜醇，叶底嫩绿明亮。烘青绿茶依原料老嫩和制作工艺不同分为普通烘青和细嫩烘青两类。烘青绿茶中有黄山毛峰、信阳毛尖等名茶。

晒青绿茶是指用日光晒干的茶，主要作为沱茶、饼茶、方茶、康砖等紧压茶的原料，主要产地为云南、四川、贵州、广西、湖北、陕西等，以采用云南大叶种制成的品质最佳，称为"滇青"。

蒸青绿茶是以高温蒸汽将茶鲜叶杀青，而后揉捻、干燥而成，有色绿、汤绿、叶绿的特点。蒸青绿茶是我国古代主要茶类，保留至今的只有湖北恩施玉露等少数几种。

红茶

红茶是一种经过萎凋、揉捻、发酵、干燥等工序制成的茶叶，特别是经过发酵，使茶叶的内含成分产生了一系列的生物化学变化，构成了红汤红叶的品质特征。由于发酵后绿叶变红，故称"红茶"，又称"发酵茶"。红茶的品质特征与绿茶迥然不同，绿茶以保持天然绿色为贵，而红茶则以红艳为上。红茶是目前世界上产量最多、销路最广、销量最大的一种茶类。我国红茶按制法和产品品质不同分为小种红茶、功夫红茶和红碎茶三类。

小种红茶是福建特有的一种红茶，条索肥壮，色泽乌润。小种红茶在加工过程中采用纯松木明火熏制，使茶叶具有浓烈的松烟香。它的制作工序包括功夫红茶加工的全部工序，另有与乌龙茶加工相似的过红锅（杀青）的特殊处理，这是小种红茶与功夫红茶最明显的区别。

功夫红茶为我国特有的传统产品，以做工精细而得名。功夫红茶在制作过程中很讲究形状和色、香、味，特别要求条索紧卷、完整、匀称，色泽乌黑润泽，汤色红艳明净，香气浓郁，滋味甘醇，叶底嫩匀，主要产地为安徽、云南、福建、湖北、湖南、四川等。

红碎茶是在功夫红茶制作工艺的基础上发展起来的品类。产品颗粒紧细，色泽乌黑或带褐色，口味具有浓、鲜、醇的特点，汤色深红，适宜加糖、牛奶等饮用。

青茶（乌龙茶）

乌龙茶的加工结合了绿茶和红茶的制作工艺，采用红茶的发酵方法，又应用绿茶的杀青方式，为半发酵茶。成品茶香气浓郁，既具有绿茶的清香，又具有红茶的醇厚，冲泡后的叶底呈绿叶红镶

铁观音制作过程

晒青　　　　　　　　　　晾青　　　　　　　　　　摇青

筛青　　　　　　　　　　炒青　　　　　　　　　　揉捻

包揉　　　　　　　　　　烘焙

边的特征。乌龙茶为福建闽南地区首创，后传至闽北及广东、台湾等地，主要产于福建、广东和台湾，因产地、品种、品质的差异，可分为闽北乌龙、闽南乌龙、广东乌龙和台湾乌龙四类。每个类别的乌龙茶都有着众多的花色品种，其中闽北乌龙有水仙、大红袍、肉桂等，闽南乌龙有铁观音、黄金桂，广东乌龙有凤凰单枞、岭头单枞，台湾乌龙有冻顶乌龙、文山包种等，都是享誉中外的乌龙茶名品。

白茶

　　白茶汤色浅黄，味鲜醇，性凉，具有退热降火、健胃提神的功效，制作时不炒不揉，属轻发酵茶，基本工艺流程为自然萎凋、晒干或烘干，主产于福建省。白茶制作工艺看似简单，只需经过萎凋和干燥两道工序，实际上不易掌握。春天怕发黑，夏天怕发红，制茶过程中温度、湿度、风速和时间都要控制得恰到好处，各个环节要密切配合才能制成优质白茶。

黄茶

　　黄茶制作的基本工艺流程是：杀青、闷黄、干燥。高温杀青破坏酶促作用后，闷黄工序使多酚类物质在湿热作用下自动氧化，再干燥而成。品质特征为黄叶黄汤，干茶色泽泛黄，汤色黄亮。黄茶依芽叶的嫩度和大小可分为黄芽茶、黄小茶和黄大茶三类。有名的黄茶品种有蒙顶黄芽、霍山黄芽和莫干黄芽等。现今莫干黄芽的加工已没有闷黄工序，名为黄茶，实质上完全采用绿茶的加工方法。

黑茶

　　黑茶制作的基本工艺流程是：杀青、揉捻、渥堆、干燥。其关键工序是渥堆，原料一般较粗老，揉捻后湿坯堆积发酵，渥堆时间较长，因而叶色发黑。黑茶中比较著名的有湖南黑茶、湖北老青茶、四川边茶、滇桂黑茶（普洱茶、六堡茶）等。

再加工茶类

花茶

　　花茶是将茶叶和香花拌和窨制，使茶叶吸收花香而制成的香茶，亦称"熏花茶"，饮之既有茶的清香又有花的芬芳。花茶窨制的历史可追溯至距今一千多年前的宋代初期，至南宋窨制技术走向成熟，时人认为"花多则太香而脱茶韵，花少则不香而不尽美"（赵希鹄《调燮类编·茶品》）。至清咸丰年间，花茶正式成为大宗商品茶。如今花茶生产已遍及福建、浙江、安徽、湖南、四川、云南等省，主销华北、东北、西北等地。花茶制作的基本工序是：鲜花处理、拌和、散热、分离、干燥等。花茶既

可制花茶的香花

保持了浓郁爽口的茶味，又兼蓄鲜灵芬芳的花香，冲泡品啜时妙趣横生。用来窨制花茶的茶叶主要是绿茶中的烘青，也有以红茶、乌龙茶为原料的。香花种类很多，有茉莉、珠兰、玉兰、玳玳、桂花、玫瑰等。花茶具有良好的药理作用，对人体健康有益，如茉莉花茶有理气、明目、降血压等功效。

紧压茶

以黑茶、绿茶、红茶的毛茶为原料，经再加工蒸压成一定形状而制成的茶叶称"紧压茶"，主要产于湖南、湖北、四川、云南、广西等地，形状有砖状、饼状、碗状、球状等，名品有青砖、茯砖、黑砖、米砖、沱茶等。紧压茶质地紧实，久藏不易变质，便于储运，又因其解油腻、助消化、增营养等功效而被藏族、蒙古族、维吾尔族等少数民族视为日常生活中不可或缺的饮品。

萃取茶

以成品茶或半成品茶为原料，用热水萃取茶叶中的可溶物，过滤掉茶渣以获得茶汁，经浓缩或干燥，制备成固态或液态的茶，称"萃取茶"。

造型各异的紧压茶

中国茶叶分类

基本茶类

绿茶
- 炒青绿茶
  - 眉茶（特珍、珍眉、针眉、秀眉、贡熙等）
  - 珠茶（珠茶、雨茶等）
  - 细嫩炒青（西湖龙井、老竹大方、碧螺春、雨花茶、松针等）
- 烘青绿茶
  - 普通烘青（闽烘青、浙烘青、徽烘青、苏烘青等）
  - 细嫩烘青（黄山毛峰、太平猴魁、华顶云雾、高桥银峰等）
- 晒青绿茶（滇青、川青、陕青等）
- 蒸青绿茶（恩施玉露等）

红茶
- 小种红茶（正山小种、烟小种等）
- 功夫红茶（滇红、祁红、闽红等）
- 红碎茶（碎茶、片茶、末茶等）

青茶（乌龙茶）
- 闽北乌龙（水仙、大红袍、肉桂等）
- 闽南乌龙（铁观音、奇兰、水仙、黄金桂等）
- 广东乌龙（凤凰单枞、凤凰水仙、岭头单枞等）
- 台湾乌龙（冻顶乌龙、文山包种等）

白茶
- 白芽茶（白毫银针等）
- 白叶茶（白牡丹、贡眉等）

黄茶
- 黄芽茶（君山银针、蒙顶黄芽等）
- 黄小茶（北港毛尖、沩山毛尖、温州黄汤等）
- 黄大茶（霍山黄芽、广东大叶青等）

黑茶
- 湖南黑茶（安化黑茶等）
- 湖北老青茶（蒲圻老青茶等）
- 四川边茶（南路边茶、西路边茶等）
- 滇桂黑茶（普洱茶、六堡茶等）

再加工茶类
- 花茶（茉莉花茶、珠兰花茶、玫瑰花茶、桂花茶等）
- 紧压茶（黑砖、茯砖、青砖等）
- 萃取茶（速溶茶、浓缩茶等）

Tea Art 品 茶 艺 术

茶性清淡无奇，茶饮过程随意、随境、随缘，承载着茶文化之精神，已是东方文明的一种象征。

第一节　茶艺六要素

"有好茶喝，会喝好茶，是一种'清福'。不过要享这'清福'，首先就须有工夫，其次是练出来的特别感觉。"鲁迅先生精辟地道出了爱茶人的品茶观。

品茶，其境界高于饮茶解渴，"品"字包含了品评、鉴赏、体验茶给人的身心感受。品茶的六要素为：识茶、辨水、选具、冲泡技巧、茶境、茶侣。要品好茶，好茶叶、好水、好茶具、好技艺、好环境、好茶侣缺一不可。

识茶

指选用的茶叶品质上乘，色、香、味、形俱佳。干茶外形，或扁平光滑，或挺秀显毫，或浑圆紧结，细如针、圆如珠、弯似眉、壮成朵，可谓千姿百态，美不胜收。茶叶冲泡后，汤色之美令人赏心悦目，绿茶如翠玉，红茶似骄阳，乌龙茶绿叶红镶边，白茶胜瑞雪，黄茶黄叶黄汤，黑茶棕红黑褐，给人以美的遐想。而茶的香气、滋味自古就是文人雅士吟咏的对象，名优绿茶香如兰、沁心脾、滋味鲜爽，乌龙茶香高持久、滋味醇厚。茶有百味，不仅与品茶者的嗅觉、味觉有关，也与品茶者的心境相关。

辨水

指选用好水来泡茶。水质以清、轻（含钙、镁离子少的软水）、甘、洁为美。泡茶水温适宜，不能过高或过低。"水为茶之母"，水发茶性，"八分的茶，用十分的水冲泡，泡出的茶汤就能达十分；八分的水，冲泡十分的茶，茶汤只能达八分"。

茶美

水美（天下第一泉——镇江中泠泉）

器美

艺美

选具

　　指选用的茶器与茶性相宜。"器为茶之父"，说明了茶器对茶的影响也是至关重要的。不同的茶要选用不同的茶器，这样才能将茶泡好，以衬托茶汤之美，保持茶香，同时也便于饮用，这是茶器之美所表现的实用性；茶器之美还在于它的艺术性，因它是融文学、书法、绘画于一体的艺术品。

冲泡技巧

　　重点是把握好泡茶的三个要素：投茶量、泡茶的水温、泡茶的时间，科学地泡好一杯茶，将茶的色、香、味、形发挥到最佳状态。

茶境

　　指品茗环境给人以愉悦感。对于品茗环境，中国茶艺讲究幽雅清寂，简洁舒适。在这样的环境中品茶，人与自然相融合，达到陶冶情操的目的。

茶侣

　　指志同道合、心灵相契的茶知己。由于茶是有灵性的净品，茶侣的取舍，攸关品茗意境和情境。所谓"物我两忘"、"栖神物外"、"心心相印"，其实说的都是人与自然、人与人和谐统一的境界。

茶境

茶侣

品茶作为一门艺术，也是以主客体的融合统一作为最高境界，因此，对茶品、水品、茶具、茶境、茶侣的选择和品茗活动圆满与否密切相关。

第二节　茶叶的冲泡方式

以茶叶品种来分类，确定茶的冲泡方式，顺应茶性的表现。我国的基本茶类分为绿茶、红茶、青茶（乌龙茶）、白茶、黄茶、黑茶六大类，花茶和紧压茶虽然属于再加工茶，但在茶艺中也常用。所以以茶叶品种来分类，茶艺至少可分为八类。下面主要介绍绿茶、红茶、青茶（乌龙茶）这三种常见茶类的冲泡方式。

绿茶的冲泡方式

冲泡高档绿茶可以选用无色透明的玻璃杯，以便更好地欣赏茶叶在水中上下翻飞、翩翩起舞的仙姿，观赏碧绿的汤色、细嫩的茸毫，领略清新的茶香。

茶与水的比例适宜，冲泡出来的茶才不失茶性。一般来说，高级绿茶的茶与水的比例为1∶50，即100毫升容量的杯子放入2克茶叶。由于高级绿茶的芽叶非常细嫩，所以泡茶时水温不宜过高，一般控制在80℃左右。

一杯绿茶一般冲泡三次，第二泡的色、香、味最佳。绿茶初品时会感觉清淡，需细细体会，慢慢领悟。

备具

取茶

赏茶

试泉

涤器

投茶

浸润泡

第二次冲泡

红茶茶具

取茶　　　　　　　　赏茶

涤器　　　　　　　　投茶

冲泡　　　　　　　　分茶

奉茶　　　　　　　　红茶的金圈（茶汤与碗壁交合处）

红茶的冲泡方式

　　冲泡红茶可选用白瓷茶具，更能衬托红茶的汤色。悬壶高冲是冲泡红茶的关键，100℃的水温最适宜。高冲可以让茶叶在水的冲击下充分浸润，以利于红茶色、香、味的充分发挥。

　　红茶还可加入糖或牛奶调饮，使其味道甜美。

乌龙茶茶具　　　　　　　　备具　　　　　　　　　赏茶

温具　　　　　　　　　　　投茶　　　　　　　　　冲泡

刮沫　　　　　　　　　　　淋壶　　　　　　　　　分茶

敬茶　　　　　　　　　　　闻香　　　　　　　　　品茗

青茶（乌龙茶）的冲泡方式

　　青茶是乌龙茶的别称，它既有绿茶的清香，又不失红茶的甘醇，冲泡之后具有天然的花香，自明代问世以来，一直受到人们的青睐。

　　乌龙茶香高持久，但原料较老，一般以沸水冲泡为好。冲泡时，先用沸水将器具依次烫过，称为"温壶温杯"，再用壶盖刮去水面上的茶沫，称"刮沫"。此外，还有"关公巡城"、"韩信点兵"等步骤："关公巡城"是将二泡茶汤循环注入闻香杯中；"韩信点兵"是将壶里剩余的茶汤平均注入每只闻香杯中，让每一杯茶汤浓淡均匀。

唐越窑青瓷葫芦执壶

唐越窑青瓷横把壶

宋龙泉窑青瓷执壶

明崇祯年间"用卿"款紫砂壶

第三节　茶具的选配

茶具简史

　　茶具是饮茶所用的器具。起先茶具与酒具、餐具不分。一般认为，中国最早谈及饮茶使用器具的是西汉王褒的《僮约》，其中说及"烹茶尽具"。魏晋以后，饮茶器具才从其他饮器中慢慢独立出来。南朝时，盏托已较多出现。

　　茶具在民间普遍使用是在唐代。唐代陆羽在《茶经》中总结前人饮茶使用的各种器具后，开列了当时各种茶器具的名称，并描绘其式样，阐述其结构，指出其用途。在中国茶具发展史上，陆羽《茶经》对茶具所作的记录最明确、最系统、最完善。它使后人清晰地看到，唐代时中国茶具不但配套齐全，而且形制完备。

　　宋代点茶法大行其道，与唐代相比，饮茶器具更加讲究法度，形制越来越精细。宋代饮茶之风的兴盛，推动了制瓷工业的发展。其时官窑、哥窑、汝窑、定窑、钧窑等五大名窑都生产茶具。

　　元代茶具生产与使用是上承唐宋，下启明清的一个过渡时期。

　　明代的茶具品种更加多样化，功用更加明确，制作更加精细。由于茶叶不再碾末冲点，以前茶具中的碾、磨、罗、筅、汤瓶之类皆废弃不用。人们开始直接使用瓷壶或紫砂壶泡茶，并逐渐成为时尚。

　　清代茶具，无论种类和形式，基本上没有突破明人的规范，但制作工艺却有长足的发展。茶具通常以陶或瓷制成，茶具生产以康、乾时期最为繁盛，以"景瓷宜陶"最为出色。在清代还流行许多跟饮茶密切相关的器具，如茶船等。

　　现代饮茶器具，不但品种繁多，而且质地和形状多样，以用途分，有贮茶器具、烧水器具、沏茶器具、辅助器具等。

茶具的选配原则

　　选配茶具是一门学问。茶叶品种和花色、茶具质地和式样、饮茶地域，以及不同的人群，对饮茶器具都有不同的要求。

清代青花山水人物纹茶海

清代松石绿釉茶船

清代竹簧茶壶桶，内可放茶壶，保温且携带方便

晚清戏曲人物龙首银茶壶

因茶制宜

名优绿茶可以用玻璃杯来冲泡，这样能更好地观察茶叶的形状和色泽。而普通绿茶则可用盖碗冲泡。

红茶可以用白瓷杯冲泡，能使茶汤显得更加红艳明亮。功夫红茶用双杯法（壶和杯）结合冲泡更佳。

花茶常用盖碗冲泡。

因地制宜

同为乌龙茶，潮汕功夫茶常用白瓷盖碗（瓯）冲泡，品饮杯多呈玉白色。闽南乌龙茶则用紫砂小茶壶冲泡，饮杯也为紫砂小杯。

冲泡红茶，南方人爱用白瓷杯，北方人则喜用白瓷茶壶冲泡，再分斟到白瓷小盅中。

因人制宜

体力劳动者饮茶重在解渴，饮杯宜大。脑力劳动者饮茶，重在精神和物质的双重享受，讲究饮杯的质地和样式。男人与女士相比，前者的茶具以大方得体为宜，后者则注重茶具的精美秀丽。

玻璃茶具

白瓷茶具

盖碗

陶杯

品茗杯（付军 摄）

茶 与 健 康

Tea and
Health

第一节　茶叶中的营养成分

茶叶中含有三百多种化学成分，其中有利于人体健康的营养成分和药效成分有几十种，如茶多酚、茶氨酸、咖啡碱、芳香物质、茶黄素、碳水化合物、矿物质元素等，保健作用非常全面。

茶多酚

茶的药效，多酚类起主要作用。茶多酚具有杀菌、抗病毒、抗氧化、除臭、抑制动脉硬化、降血压、降血糖、抗过敏、消炎及对重金属的解毒作用，抗辐射、抗癌、抗突变作用等。绿茶未经发酵，茶多酚含量比红茶高。

茶氨酸

茶氨酸是茶叶中特有的氨基酸，具有调节神经输导的功能，对预防老年痴呆症有帮助，还有镇静、减轻心理压力的作用；能够提高记忆力，减轻妇女经期综合征，提高人体免疫功能，抵御病毒侵染，还能中和一部分咖啡碱的刺激性作用。

咖啡碱

茶叶中大约含有2%—5%的咖啡碱，夏茶高于春茶，红茶高于绿茶，嫩叶高于老叶。咖啡碱的功效有：兴奋、强心、利尿、促进消化液分泌、减肥。

芳香物质

茶叶中的芳香物质种类很多，每种芳香物质含量都是极微量的，不少芳香物质具有镇静、镇痛、安眠、放松（降压）、抗菌、消炎、除臭等功效。

茶黄素

红茶中茶黄素含量较高，它的功效为：降血脂、保护心血管、防止血管硬化；抗氧化、清除自由基、延缓衰老；抑菌、抗病毒；抗癌、抗突变。

碳水化合物

茶叶中的碳水化合物含量很高，其中的单糖、双糖是茶汤中甜味的主要呈味物质。多糖类化合物中的复合多糖具有抗糖尿病的功效。茶叶中多糖类化合物的含量约为5%左右，粗老茶叶含量较高，因此一些糖尿病患者宜经常饮用较老的茶叶。

矿物质元素

茶叶中含有几十种矿物质元素。含量较多的有磷、钾，其次有钠、硫、钙、镁、锰、铅。夏天出汗过多，易引起缺钾，饮茶是补充钾的理想方法。微量元素有铜、锌、硼、硒、氟等，这些元素大部分是人体所必需的，如氟对牙齿有益，喝茶可作为补充氟的有效方式。

茶叶中的化学成分及含量

成分	含量(%)	组成
蛋白质	20-30	谷蛋白、球蛋白、精蛋白、白蛋白
氨基酸	1-5	茶氨酸、天冬氨酸、精氨酸、谷氨酸、丙氨酸、苯丙氨酸等
茶多酚	20-35	儿茶素、黄酮、黄酮醇、酚酸等
生物碱	3-5	咖啡碱、茶碱、可可碱等
碳水化合物	35-40	葡萄糖、果糖、蔗糖、麦芽糖、淀粉、纤维素、果胶等
脂类化合物	4-7	磷脂、硫脂、糖脂等
有机酸	≤3	琥珀酸、苹果酸、柠檬酸、亚油酸、棕榈酸等
矿物质元素	4-7	钾、磷、钙、镁、铁、锌、锰、硒、铝、铜、硫、氟等
色素	≤1	叶绿素、类胡萝卜素、叶黄素等
维生素	0.6-1.0	维生素A、维生素B₁、维生素B₂、维生素C、维生素P及叶酸等

第二节　茶叶的保健功效

延年益寿

研究表明，人体的衰老与体内不饱和脂肪酸的过度氧化有关，而利用抗氧化剂可延缓衰老进程，提高生命活力。茶叶中富含具有抗氧化作用的维生素C、维生素E和多酚类物质，还有嘌呤生物碱，可间接清除自由基，因此茶的抗衰老作用要远远高于其他食物。

长寿老人（福建省安溪县感德镇政府 供图）

抗癌

亚硝基化合物是一种致癌物质，而茶多酚物质可阻断亚硝基化合物的形成。日本为胃癌高发区，但日本静冈县产茶，居民多喜饮茶，该县人群的胃癌发病率明显低于其他地区。茶叶不但可以抑制亚硝基化合物的形成，还可抑制亚硝基化合物的致癌作用，茶中的维生素也能阻止致癌物亚硝胺的合成。在各类茶叶中，绿茶的抗癌效果最佳。

防治心血管疾病

　　心血管疾病的发生与血液流通异常有关，血液流通异常又主要是血液黏稠度过高和红细胞积压造成的。而临床实验表明，茶叶能降低血液黏稠度，防止血栓形成，还能增加血管壁的韧性，对心血管疾病的防治有一定作用，这些功能主要归功于茶叶中的茶多酚和维生素类物质。茶色素也可以降低血脂，阻止血清总胆固醇、甘油三酯和低密度脂蛋白的升高，并提高高密度脂蛋白的水平，抑制胆固醇在动脉管壁内沉积，缩小脂质斑块的面积。

抗辐射作用

　　1945年日本广岛原子弹爆炸后，不少人因受到原子辐射而致病或死亡。跟踪调查发现，长期坚持喝茶的人存活率高，病情轻。茶叶中的茶多酚及其氧化物具有吸收放射性物质毒害的能力，脂多糖、维生素、胱氨酸等具有抗辐射作用。据有关医疗部门临床试验证实，肿瘤患者在放射治疗过程中引起的轻度放射病，用茶叶提取物进行治疗，有效率可达90%以上。

抑菌、抗病毒

　　茶多酚有较强的收敛作用，对病原菌、病毒有明显的抑制和杀灭作用，可消炎止泻。我国有不少医疗单位应用茶叶制剂治疗急性和慢性痢疾、阿米巴痢疾，治愈率达90%左右。

降脂减肥

　　早在古代，人们就发现饮茶具有减肥作用。唐代《本草拾遗》中记载："茶久食令人瘦，去人脂。"这是由于茶叶中的咖啡碱与磷酸、戊糖等物质形成的核苷酸对脂肪具有很强的分解作用；儿茶素类化合物可以促进人体脂肪的分解，防止血液和肝脏中甾醇和中性脂肪的积累；叶绿素一方面阻止胃肠道对胆固醇的消化和吸收，另一方面可破坏已进入肠、肝循环中的胆固醇，从而使体内胆固醇含量降低。

护齿明目

　　茶叶含氟量较高，而且茶叶是碱性饮品，可抑制人体钙质的流失，这对预防龋齿、护齿、坚齿都是有益的。据有关资料显示，在小

护齿明目（福建省安溪县感德镇政府 供图）

茶叶的保健功效

保健功效	具有保健功效的化学成分	备注
抗癌、抗突变、抗氧化	茶多酚、维生素	绿茶中的茶多酚含量比其他茶高
降血糖、降血脂、抗动脉粥样硬化	茶多糖、茶黄素、茶多酚	茶叶越老所含茶多糖越多,红茶中的茶黄素相对较多
降血压	茶多酚、茶氨酸	春茶中的茶氨酸含量比夏、秋茶高,嫩茶中的茶氨酸含量比老茶高
对重金属毒害的解毒作用	茶多酚	
防辐射	茶多酚、茶多糖	
减轻吸烟对人体的毒害	茶多酚	
消炎、灭菌、除臭	茶多酚	
防龋齿	茶多酚、氟	
止痢和预防便秘	茶多酚	
提神、利尿、强心	咖啡碱	
保护神经细胞,提高记忆力	茶氨酸	

学生中进行饭后以茶漱口试验,龋齿率可降低80%。另据有关医疗单位调查,白内障患者中无饮茶习惯的占71.4%,茶叶含有大量的β–胡萝卜素,有明目功效,饮茶可预防白内障的发生。茶叶中的维生素B_1是维持神经生理功能的重要物质,可以防治因患视神经炎而引起的视力模糊和眼睛干涩;维生素B_2对防治角膜炎等病有效;维生素C是人眼晶体的重要营养物质。

益思提神

茶叶中的咖啡碱具有刺激人体中枢神经系统的作用,可令处于迟缓状态的大脑皮层转为兴奋状态,起到驱除睡意、解除疲劳、增强活力、集中思想的作用。人体肌肉和脑细胞在代谢过程中产生了许多乳酸,乳酸过量存在会引起肌肉酸痛硬化,令脑细胞活动和思维能力降低,茶的利尿作用可使乳酸加速排出体外。

第三节　科学的饮茶方法

茶叶含有很多对人体有利的功能性成分,我们饮茶要适量、适度,还要讲究科学性,这样才能发挥茶对人体的有益作用。

饮茶要适量

饮茶的好处虽多，但过量饮用浓茶，会使体内的咖啡碱积聚过多，有损神经的正常功能。如有早搏或房颤症状的病人，应适量饮一些淡茶，如果过多地饮用浓茶，会使心跳加快，加重病情。对健康人来说，一般每天饮茶5—10克为宜。

饮茶要适时

众所周知，茶能助消化，因此空腹和饭前都不宜饮茶，以免冲淡胃酸，妨碍消化。饭后半小时饮茶较好，此时若胃酸消化食物不完全，饮茶可刺激胃酸继续分泌，帮助消化。睡前一小时不宜饮茶，否则心脏机能亢进，精神兴奋过度，容易引起失眠。神经衰弱者和患失眠症者傍晚后就不宜再饮茶。

根据季节饮茶

绿茶性寒，红茶性热，乌龙茶和普洱茶性温，如果结合季节变化，根据茶的属性有选择地喝茶，则有利于健康。夏季炎热，饮用绿茶清凉降温；冬季寒冷，喝红茶可驱寒暖胃；春季和秋季气候温和，可根据个人爱好选择不同的茶。

现泡现饮

无论从卫生角度还是从口感来说，饮茶都以现饮现泡为好。茶叶泡得过久，在维生素的作用下，茶汤会变成深褐色，易滋生细菌，有害健康。

现泡现饮（福建省安溪县感德镇政府 供图）

饮茶有选择

六大茶类品质各异，喝什么茶可根据个人爱好和身体状况加以选择。

绿茶中的营养物质和药效成分比较丰富，适宜各类人群饮用。

红茶中茶多酚含量较少，性温，很适合胃寒者饮用。

乌龙茶、普洱茶降脂减肥效果较好。普洱熟茶茶多酚含量极低，适宜肠胃消化功能较差者饮用。

花茶的花香物质具有消解脂肪和调节神经的作用。

经常接触放射线、生物制剂者应多饮茶；高血压患者、肥胖者、肝炎及糖尿病患者也宜多饮茶，茶对减少血液中的胆固醇和血脂有显著疗效。脾胃虚弱者或肾功能不好者不宜多饮茶，尤其是绿茶性寒，会刺激肠胃，引起不适，加重肾脏负担；哺乳期的妇女不宜多饮茶，茶多酚对乳汁有收敛作用；在服药期间不宜饮茶，服药时也不宜用茶水送服，否则会使药效降低或失效。

茶 叶 的 审 评 及 选 购

Evaluation
and Purchase of
Tea

第一节　茶叶的审评

鉴别茶叶有感官审评和理化审评两种方法。感官审评是评定茶叶品质好坏的通用方法，通过视觉、嗅觉、味觉、触觉来鉴定茶叶的色、香、味、形品质特征。理化审评是通过对茶叶外形容重、茶汤导电、比色、比黏度、水浸出物等的测定来判别这些成分含量与茶叶品质的相关性。理化审评是定量鉴别，而感官审评是定性鉴别，可以最终确定茶叶的质量等级。

茶叶的感官审评

我国传统的感官审评方法是五项评茶法，即将审评内容定为外形、汤色、香气、滋味和叶底，经干、湿评后得出结论。每一项审评内容中包含多项审评因素：外形需评定嫩度、条索、净度、色泽等；汤色需评定颜色、亮度和清浊度；香气包括香型、高低、纯异和持久性；滋味需评纯异、浓淡、甜涩、厚薄及鲜爽感等；叶底需评嫩度、色泽、匀度等各个因素的不同表现。每项评茶内容均以专用的评茶术语表达。

五项评茶法要求审评人员视觉、嗅觉、味觉器官并用，外形与内质审评兼重。在运用时，由于时间的限制，尤其是对多只茶样进行审评时，工作强度、难度较大，因此需要评茶人员训练有素。

外形审评

感官审评一般先干看外形再湿评内质，外形虽然不是决定茶叶品质的主要因素，但好的外形能给人以视觉享受，而且它与茶的内在品质有一定的相关性。我国茶叶品种多，外形也千变万化，鉴别时把握四要素：嫩度、条索、净度、色泽，外形特征就能够确定。总体来说，品质优良的茶叶外形须条索整齐、大小一致、色泽一致、老嫩均匀无杂质。色泽油润有光泽、手感重实的茶叶为上品；粗松、轻飘的茶叶较粗老，内含物少，品质较次。

嫩度是茶叶外形审评的重点。嫩得适度是茶叶品质优良的基本要求，古人对此已有认识，明代屠隆《考槃余事》记载："采茶不必太细，细则芽初萌，而味欠足；不必太青，青则茶已老，而味欠佳。"目前市场上有些茶叶过度追求细嫩，全部采用芽头制成，这类茶叶的共同特征是：香气不足，滋味过于淡薄。一般来说，嫩芽由于顶端优势，品质较好，但成熟度不够，水浸出物和影响茶叶品质的化合物含量不及稍老一些的一芽二叶茶。有研究表明，鲜叶中维生素C和多酚类化合物的含量第二叶要多于第一叶和顶芽，因此茶叶加工时过度追求嫩度，不仅产量少，而且影响香气和口感，而一芽一叶、一芽二叶茶的嫩度适中，品质也好。

条索是指茶叶的外形规格。各类名茶都有一定的外形特点，如圆形的珠茶、扁平形的西湖龙井、针形的雨花茶等。一般圆形茶看茶颗粒的松紧、匀整、重实程度，扁平形茶看茶的平整光滑度，针形茶看茶的松紧、弯直、壮瘦、圆扁、轻重等。好的茶叶还要求条索大小、长短和粗细均匀一致，少断碎。

净度主要是指茶叶中夹杂物如梗、籽、杂草、树叶等含量的多少，净度好的茶叶无任何夹杂物。

色泽是指干茶表面颜色的深浅程度和光泽度，不同的茶叶色泽要求不同，如红茶要求乌润，白茶要求银灰，黑茶要求黑褐，光泽度好的茶叶有油润感。

内质审评

湿评内质有四项内容：香气、汤色、滋味和叶底。审评按照1：50的茶水比例，扦取3克茶叶，以150毫升的沸水冲泡5分钟后进行审评。如果扦取4克茶叶和200毫升的水量，虽然茶水比例也是1：50，但水量增加而产生的热量会将茶叶闷熟，影响审评结果。审评顺序为闻香气、看汤色，再尝滋味，最后看叶底。

香气审评要评定香型及香气纯异、高低和持久性。不同茶类香型各异，绿茶多为清香、熟板栗香，红茶有甜香，乌龙茶为花香、果香，普洱茶有陈香；纯异指是否夹杂异味；好茶要求香气高长而不低沉，一般香气高的茶滋味丰厚；香气的持久性也是判别好茶的标准之一，制茶所用原料上乘，香气才会持久。

茶汤中有些物质与空气接触会氧化，使汤色逐渐加深，所以鉴定汤色要及时。六大茶类的汤色有的红艳，有的橙黄，有的呈黄绿或碧绿色。总体来说，不论什么颜色，茶汤明亮、反光性强的为好茶。

茶是饮品，质量好坏最终落实到口感上，可以说滋味是鉴定茶叶品质的重要因素。滋味的鉴定术语有：浓淡、厚薄、甜涩等。苦味是咖啡碱的作用，茶多酚会产生涩味，甘鲜主要是氨基酸的作用。这些物质同时溶于茶汤中，如果组合协调得恰到好处，就会产生鲜爽、浓厚、甘醇等令人愉悦的口感，必定为好茶。

叶底是冲泡后的茶渣，评判因素有：嫩度、色泽、是否完整成朵。"成朵"就是芽叶完整，"朵"是有芽有叶，单个芽头是不能称为"朵"的，这又一次说明茶的嫩度要适中。好茶的叶底应该肥厚成朵，色泽嫩绿明亮。

审评人员在感官审评中对外形、香气、汤色、滋味和叶底分别打分，并根据它们的重要程度配以不同权重计算得分，依最后结果评定茶叶的品质等级。

第二节　茶叶的选购

茶叶种类繁多，消费者可以根据当地的饮茶习惯和各自的爱好来选购茶叶。如福建人喜欢饮用乌龙茶和白茶；江浙一带人喜欢饮用西湖龙井、碧螺春等绿茶；山东一带人习惯火工高的绿茶。不论哪种类型的茶，都是从色、香、味、形几个方面来鉴别品质的优劣。挑选茶叶需要充分调动视觉、触觉、嗅觉和味觉器官，看外形，摸身骨，闻香气，品滋味缺一不可，这样才能准确定位茶的品质。

茶叶的色泽是加工后所形成的外部颜色，由鲜叶的色素和加工后的内含物质混合形成。鲜叶经过不同的加工技术，制成绿、红、青、白、黄、黑不同颜色的茶类。绿茶色泽主要是未经氧化的黄酮类色素和叶绿素，表现在干茶色泽上有翠绿、灰绿和黄绿等，表现在茶汤上则是浅绿或黄绿等。红茶在制作过程中，多酚类物质不断氧化和缩合，形成了茶黄素、茶红素和褐色物等有色物质，茶红素是形成红茶汤色的主要物质，茶黄素决定茶汤的明亮度，一般来说含有较多茶红素和茶黄素的红茶品质优良，干茶色泽乌润，汤色红亮。总之，不论哪种茶，干茶要求润泽鲜艳，茶汤要求清澈明亮。

茶叶均有各自的香气特点，这是由于品种、栽培条件、自然环境和茶叶加工技术的不同而产生的。茶叶有板栗香、甜香、兰花香、玫瑰香等。据研究，茶鲜叶中所含的芳香物质有五十多种，大部分是醇类物质，经过加工处理又产生更多更复杂的芳香物质，绿茶中有一百多种，红茶中有三百多种。不论哪种茶，浓郁高长，能使人有愉悦、清爽感觉的香气都是好的。

茶叶的滋味也是构成茶叶品质的主要因素，与香气关系密切。凡是香气高的茶，口感必定香醇。茶的滋味是苦涩甘鲜综合作用的结果，以上滋味相互组合，就产生出鲜爽、浓厚、醇和、回甘的口感。

茶叶的外形虽然不是茶叶品质的决定性要素，但好的外形能使人产生视觉愉悦。名优茶外形有的浑圆如珍珠，有的扁细挺秀像雀舌，有的挺直如松针，这些都能给人以美的享受。总之，茶叶外形要求大小一致，色泽一致，油润有光泽，身骨重实。

选购茶叶要考虑含水量，茶叶受潮容易变质，因此要选择含水量低的茶叶。简单的鉴别方法为：用手捻茶叶，若呈粉末状，一般含水量在7%左右，比较干燥；若只能捻成片末状，则茶的含水量过高，不利于保存。

选购茶叶还要考虑是新茶还是陈茶。当年采制加工而成的茶为新茶，而上年甚至放置时间更久的茶为陈茶。饮茶要新，当然，黑茶中的隔年陈茶除外，六堡茶、普洱茶等若存放得当，一定年限内贮存时间越久越能提高茶叶品质。

新茶的色、香、味、形给人以活色生香的感觉，而陈茶香沉味晦，因为在存放过程中，茶叶的有效品质成分发生缓慢的氧化或缩合，使色、香、味、形向着不利于茶叶品质的方向发展，令茶叶产生陈气、陈味和陈色。鉴别时要注意绿茶的新茶青翠嫩绿，陈茶枯灰黄绿，茶汤变得黄褐不清；红茶的陈化会令新茶由乌润变成灰褐。在滋味上，由于陈茶中酯类物质经氧化后产生了一种易挥发的醛类物质或不溶于水的缩合物，使可溶于水的有效成分减少，从而使茶叶滋味由醇厚变得淡薄；同时，又由于茶叶中氨基酸的氧化和脱氨、脱羧作用的结果，使茶叶的鲜爽味减弱而变得滞钝。在香气方面，由于香气物质的氧化和缓慢挥发，香气由清鲜变得低浊。

花茶是我国特有的一种茶叶品种，它是利用茶叶质地疏松多孔隙、吸附性强的原理，采用烘青茶叶为茶坯，配以香花窨制而成，高档花茶要窨制六七次。花茶经窨制后要进行提花，将已经失去花香的花干筛分剔除，茶中很少混有香花的片末。只有一些低级花茶为增色才人为地掺杂少量花干，但它无助于提高花茶的香气。所以，只有窨花茶才能称花茶，拌花茶实则是一种假冒花茶。

要区分窨花茶与拌花茶，首先看干茶，窨花茶中无花干；其次闻香气，用力吸一下茶叶的气味，窨花茶花香鲜灵，拌花茶中虽有花干，但只有少许花香，气味闷浊。一般来说，上等窨花茶头泡香气扑鼻，二泡香气纯正，三泡仍有余香，而拌花茶最多在头泡时能闻到一些低沉的香气。

Storage of
Tea

茶 叶 的 贮 藏

各种茶罐

茶性易移，为保持其固有的色、香、味、形，贮藏素来都很讲究，古人提出"藏法喜温燥而恶冷湿，喜清凉而恶蒸郁，喜清独而忌香臭"是有科学依据的。茶叶变质、陈化是茶叶中各种化学成分氧化、降解、转化的结果，对它影响最大的环境条件主要是温度、水分、氧气、光线以及它们之间的相互作用。茶叶若保存不当，很容易陈化变质而失去品饮价值。

第一节　影响茶叶品质的环境因素

茶叶内含成分的变化是品质下降的根本原因，如芳香类物质的自动氧化会使茶的香气低沉，茶汤暗浊，口感滞钝。品质下降与温度、水分、氧气以及光线密切相关。

温度

茶叶发生化学反应与温度高低关系密切，温度愈高，茶叶氧化、聚合反应速度愈快。各种实验表明，温度每升高10℃，茶叶色泽褐变速度要增加三至五倍。如果茶叶在10℃以下存放，可以较好地抑制茶叶褐变进程。而在-20℃条件下冷冻贮藏，即能防止陈化变质。研究表明，红茶中残留多酚氧化酶和过氧化物酶活性的恢复与温度成正比，因此，在较高温度下贮放茶叶，未氧化的黄烷醇的酶促氧化和自动氧化，以及茶黄素和茶红素的进一步氧化、聚合，都将大大加快新茶的陈化，令茶叶品质受损。

水分

茶叶质地疏松多孔隙，有很强的吸附性和吸湿性。有人做过试验，将含水量在3%以下极为干燥的茶叶暴露在空气中，任其吸收空气中的水分，一天半后含水量就上升到10%以上。茶叶中水分含量超过一定量时，会加速变质，主要表现是叶绿素迅速降解，茶多酚自动氧化

锡胎椰壳雕茶叶瓶

防潮作用较好的锡茶罐

明代贮茶青花罐

和酶促氧化，进一步聚合成高分子的进程大大加快，尤其是色泽变化的速度呈直线上升。

氧气

　　氧几乎能与所有元素化合，使之氧化。空气中大部分是分子态氧，其自身的反应性并不很强，然而当它与其他物质相结合，特别是有能促进反应的酶的存在时，这种氧化作用就可以变得很剧烈。在酶失活的情况下，各种化合物仍能被分子态氧所氧化，只是速度减缓而已。茶叶中儿茶素的自动氧化、维生素C的氧化、茶多酚残留酶催化的茶多酚氧化，以及茶黄素、茶红素的进一步氧化、聚合，均与氧存在有关，酯类物质经氧化产生陈味物质也有氧的作用。

光线

　　光线照射可以提高能量水平，会对茶叶贮藏产生极为不利的影响，加速各种化学反应的进行。光能促进植物色素或酯类物质的氧化，特别是叶绿素易受光的照射而退色，因此茶叶贮藏时包装材料要洁净无味，防潮性好；要尽可能密封，避免与空气接触；选择干燥避光的地方贮藏，使茶叶不受挤压以保持外形的完整性。一般收藏的茶叶含水量要在7%以下，茶类不同标准略有差异，绿茶的含水量要求比红茶低，通常在5%左右，花茶含水量可以略高。如果大量贮藏，库房地势要高，宜南北向，防漏、隔热性能要好。

第二节　茶叶贮藏方法

　　常用的茶叶贮藏方法有生石灰贮藏、真空贮藏、抽气充氮包装、低温贮藏等。

清代四方茶叶罐　　　晚清木茶箱　　　　　　　　　清代竹雕茶叶罐

生石灰贮藏

贮藏茶叶的石灰缸

用生石灰来吸收水分，可使茶叶保持充分干燥。具体做法是：选用干燥洁净的小口缸、坛或铁罐，将未风化的生石灰用干净布袋包好，茶叶分层环列于容器四周，容器中央放置石灰袋，装好后密闭放于干燥的贮藏室内。生石灰吸潮风化后就失去作用，需要经常更换，否则当石灰的水分含量高于茶叶时，就会被茶叶吸收。一般一两个月要更换一次石灰，及时换石灰茶叶才不至于变质。

真空贮藏

如果茶叶数量较少，要长期贮藏，可采用真空贮藏法。将茶叶装入铁皮罐内，抽去罐内空气成真空，密闭封存。用这种方法在常温下贮藏一年半仍能保持茶的固有品质。

抽气充氮包装

抽气充氮多用于小包装茶，选用的包装材料必须是阻气性能好的铝箔或其他复合膜材料，要求茶的含水量低，确保在5%左右。先抽出容器内空气，同时充入氮气，密闭封好，这种方式阻止了茶叶与空气接触而发生氧化反应，从而防止茶的陈化和劣变，常温下可保持六个月品质不变，如果再配合低温贮藏效果更好。

低温贮藏

高温会加剧茶的氧化变质，冷藏能有效防止这种情况发生。将茶叶密封后放入冷库，能在两年左右的时间内保持茶的品质，但茶叶一旦从冷库取出，由于气温骤变会加速变质。

还有一些实用的方法便于家庭采用：木炭贮存法，类似于生石灰贮藏法。木炭干燥，孔隙多，有很好的吸附性，经常更换效果会更好。热水瓶也可用于贮存茶叶，将干燥的茶叶装入其中，用白蜡封口，可保存较长时间。还可将茶叶装入双层盖的铁皮罐中，装足不留空隙，可以避免容器内残留过多空气，封好双层盖后再将铁罐套上塑料袋，扎紧袋口即可。

Tea Mat
Design

茶 席 设 计

茶席,指的是以茶为灵魂,以茶具为主体,在特定的空间形态中,与其他艺术形式相结合,共同完成的一个有独立主题的茶道艺术组合。

　　茶席是一种物质形态,同时又是艺术形态。茶席是静态的,茶席演示是动态的,静态的茶席只有通过动态的演示,动静相融,才能使茶的魅力和茶的精神得到完美的体现。

第一节　茶席设计的基本要素

　　茶席设计在社会生活中有着广泛的实用性和观赏性。茶席一般由茶品、茶具组合、铺垫、插花、焚香、挂画、相关工艺品、茶果茶点、背景等物态形式构成其基本要素,表现一个独立的主题。

茶品

　　茶,是茶席设计的灵魂,也是茶席设计的基础。因茶而有茶席,因茶而有茶席设计。在茶文化以及相关的艺术表现形式中,茶既是源头,又是目标。因茶而产生的设计理念,往往会构成茶席设计的主要线索。

茶具组合

　　茶具组合是茶席的主体,也是茶席整体风格的重要组成部分。

　　茶具组合,根据其功能,可分为泡茶具(壶)、饮茶具(杯、碗)、贮茶具(罐、盒)和辅助用具(茶则、茶炉、茶船、茶荷)等;根据其材质,可分为陶瓷类、紫砂类、玻璃类、金属类和竹木类等。

茶品

　　茶具组合的基本特征是实用性和艺术性相融合。茶具组合的配置,既可按传统样式进行配置,也可创意配置。茶具组合的质地、造型、体积、色彩、内涵等方面,应作为茶席设计的重要部分加以考虑。

茶席上的水盂

茶席上的茶盒

茶席上的茶则

青瓷茶具组合

正方形铺垫

长方形麻布铺垫

单色铺垫

不规则形铺垫

铺垫

　　铺垫,指的是茶席整体或局部物件的铺垫物。铺垫的质地、款式、大小、色彩和花纹,应根据茶席设计的主题与立意要求来选择。

　　铺垫的类型,按质地分,主要可分为织品类和非织品类。织品类主要有:棉布、麻布、化纤织物、毛织、织锦、绸缎等;非织品类主要有:竹编、草秆编及树叶铺、纸铺、石铺、瓷砖铺等。此外,还有不设铺垫,而以桌、台、几本身为铺垫。不铺的前提是桌、台、几本身具有某种质感、色彩和形状。看似不铺,其实也是一种铺。

　　铺垫的形状一般分为正方形、长方形、三角形、圆形、椭圆形等几何形和不规则形。

　　铺垫的色彩,单色为上,碎花次之,繁花为下。单色最能适应器物的色彩变化,也绝不会夺器之美。碎花包含纹饰,只要处理得当,一般也不会喧宾夺主。繁花铺垫一般不使用,但在某些特定的条件下选择繁花,往往效果强烈。

　　铺垫的方法主要有平铺、对角铺、三角铺、叠铺、立体铺等。

插花

　　插花,是指人们以鲜花、干花、人造花等为材料,通过艺术加工而完成的花卉再造形象。茶席中的插花,其基本特征是:简洁、淡雅、小巧、精致。

鲜花插花

茶席中的绿色植物

茶席插花，根据所用花材的不同，分为鲜花插花、干花插花、人造花插花和混合式插花；按插花器皿和组合方式又可分瓶式插花、盆式插花、盆景式插花和盆艺插花。

插花时要注重虚实相宜、疏密有致、上轻下重、上散下聚等几项基本原则。

焚香

茶席中的焚香不仅作为一种艺术形态融于整个茶席中，而且它那美妙的气味弥漫于茶席四周的空间中，使人在嗅觉上也获得舒适的感受。

香料种类繁多，总体上分为熟香与生香，又称"干香"与"湿香"。熟香指的是成品香料。生香是指在茶席动态演示之前，现场进行香的制作（又称"香道表演"）所用的各类香料。茶席中所用的香料，一般以自然香料为主，如紫罗兰、丁香、茉莉等。

焚香用的香炉种类繁多，香炉在茶席中的摆放，应掌握不夺香、不抢风、不挡眼三个原则。

焚香抚琴

香道与茶道结合

挂画

茶席中的挂画，是指以挂轴的形式，悬挂在茶席背景中的书画。茶席挂轴的内容，可以是字，也可以是画，一般以字为多，也可字画结合，题材通常表达某种人生境界、人生态度和生活情趣。

茶席中的挂画

茶席中的工艺品

相关工艺品

　　相关工艺品范围很广，只要能表现茶席的主题，都可加以运用。在茶席的布局中，可由设计者随意调整，最终达到满意的效果。相关工艺品不仅有效地烘托茶席的气氛，还能在一定条件下深化茶席的主题。

茶果茶点

　　茶果茶点在茶席中的主要特征为：分量少，体积小，制作精细，样式清雅。
　　茶果茶点一般放在茶席的前中位或前边位。只要配置巧妙，茶果茶点也是茶席中的一道风景。

果品　　　　　　　　　　　　　　茶点

背景

　　茶席的背景是指为获得某种视觉效果，设在茶席之后的物态艺术形式。
　　茶席背景按照空间划分，主要可分为室外和室内两种形式。室外背景形式有：以树木为背景，以假山为背景，以街头屋前为背景，以自然景物为背景等。室内背景形式有：以屏风作背景，以舞台作背景，以装饰墙面作背景，以会议室主席台作背景；还可在室内创造背景。

以室外树木为背景　　　　　　　以挂画为背景（秦可　摄）　　　以室内陈设为背景

第二节　茶席欣赏

（第一滴水茶馆　供图）

（第一滴水茶馆　供图）

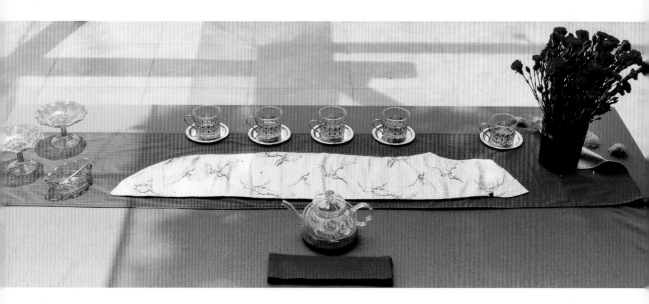

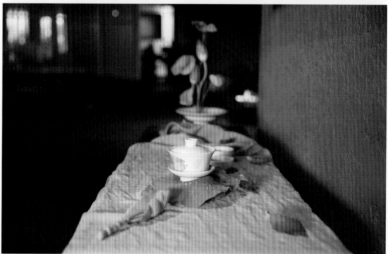

中 国 名 茶 图 录

Catalog and
Illustrations of Famous
Chinese Tea

中国茶叶产区图（中国茶叶进出口公司、国家测绘局测绘科学研究所、中国农业科学院茶叶研究所联合编制）

杭州西湖龙井茶园

　　中国产茶历史悠久，历经数千年的发展，产生了花样繁多、品类各异的名茶。茶的制法之精、质量之优、风味之佳、令人叹为观止。根据制作方法的不同和品质上的差异，茶叶可分为六大类，即绿茶、红茶、青茶（乌龙茶）、白茶、黄茶、黑茶及再加工茶类花茶、紧压茶、萃取茶。

第一节　绿茶

　　绿茶是我国主要茶类，产制历史最久，产区最广，我国二十个产茶区几乎都有生产。一般干茶翠绿，汤色嫩绿，香气有嫩香、清香、熟板栗香、嫩玉米香等。

　　绿茶加工经过杀青、揉捻、干燥三道工序。杀青是制绿茶的关键工序，要高温、快速以尽量保持茶的绿色。形状的多样是绿茶的一大特征，其外形有珠形、扁平形、针形等。

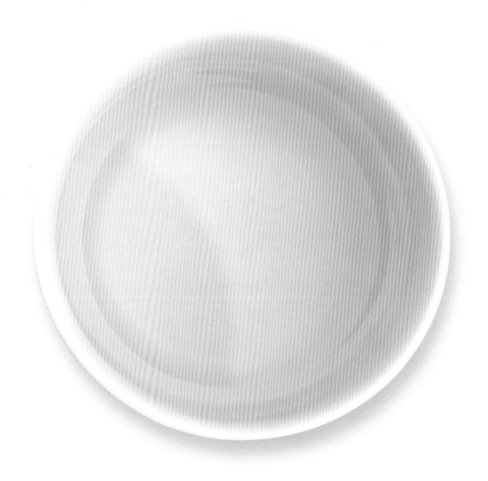

西 湖 龙 井

　　龙井茶、虎跑水是闻名中外的"杭州双绝"。西湖龙井产于杭州西湖区，这里三面环山，有独特的小气候，适宜茶树生长。龙井茶过去按产地分为"狮"、"龙"、"云"、"虎"、"梅"五个品类，"狮"字号为龙井狮峰一带所产，"龙"字号为龙井、翁家山一带所产，"云"字号为云栖、五云山一带所产，"虎"字号为虎跑一带所产，"梅"字号为梅家坞一带所产，其中"狮"字号被公认为品质最佳。据说清乾隆皇帝下江南，曾到狮峰山下胡公庙品饮龙井茶，饮后赞不绝口，并将庙前的十八棵茶树封为御茶。

　　品质特征：外形扁平挺秀，光滑匀齐，色泽绿中显黄，呈糙米色；汤色黄绿明亮，香气高锐持久，有豆香，滋味鲜醇，叶底细嫩成朵。

惠 明 茶

惠明茶产于浙江省景宁县赤木山惠明寺一带，茶名因寺而得。惠明寺产茶历史悠久，但因交通闭塞，知道的人不多。惠明茶在历史上轰动一时是在1915年美国旧金山举行的巴拿马万国博览会上，当时世界各国都选送物品赴会，中国的惠明茶在此次盛会上荣获金质奖章和一等证书，从此扬名，人们称其为"金奖惠明"。

品质特征：外形紧秀卷曲呈钩形，银毫显露；汤色黄绿明亮，香气清高持久，有兰花香，滋味鲜醇回甘，叶底黄绿明亮。

碧 螺 春

　　碧螺春产于江苏省苏州市太湖之滨的东、西洞庭山。位于苏州西南的洞庭二山是太湖中的岛屿，这里气候温和，冬暖夏凉，湖面水汽蒸腾，自然环境得天独厚，非常适宜茶树生长。碧螺春产制历史悠久，其名称由来有多种说法，一说清康熙皇帝在康熙三十八年（1699年）南巡至江苏太湖，巡抚宋荦进献"吓煞人香"茶，康熙皇帝以其名不雅，即题曰"碧螺春"，并封为贡茶。

　　品质特征：条索纤细，卷曲如螺，茸毛遍布，当地茶农形容为"满身毛、铜丝条、蜜蜂腿"，干茶色泽银绿隐翠；茶汤黄绿明亮，清香持久，滋味鲜爽，叶底嫩匀。

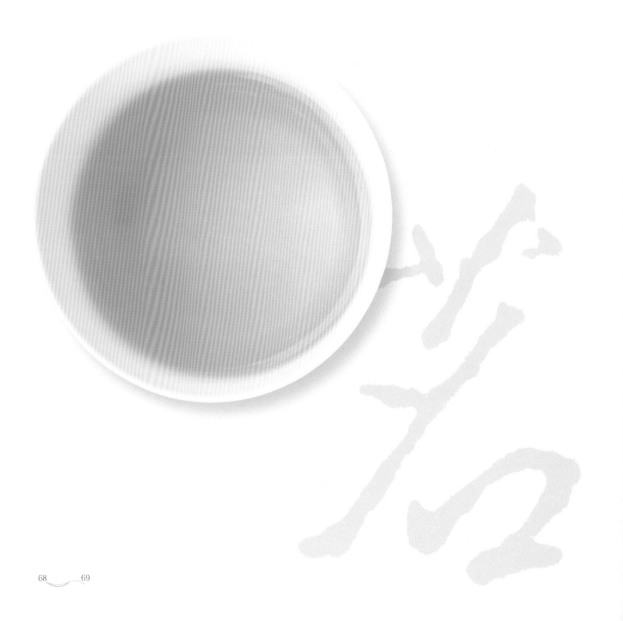

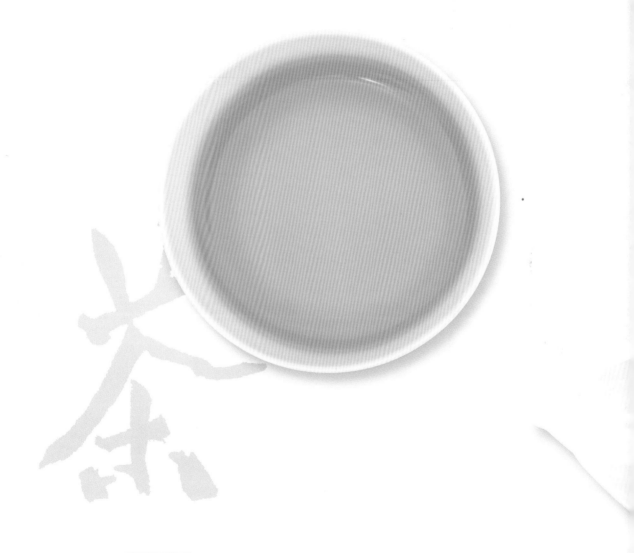

顾 渚 紫 笋

顾渚紫笋产于浙江省湖州市长兴县顾渚山，顾渚山与江苏省宜兴市的茶山紧密相连，唐代两地分别生产紫笋茶与阳羡茶，由于品质优异均被列为贡茶。"牡丹花笑金钿动，传奏吴兴紫笋来"描述了紫笋茶进贡时的生动场面。明末清初紫笋茶逐渐消失，到20世纪40年代顾渚山区的茶园大半荒芜，直至70年代末才恢复了这一历史名茶。

品质特征：芽叶相抱似笋，色泽翠绿显银毫；汤色嫩绿明亮，香气清高，有嫩香，滋味鲜醇，叶底细嫩成朵。

黄 山 毛 峰

　　黄山毛峰产于安徽省歙县,由歙县漕溪人在清光绪年间创制。1875年后,为迎合市场需求,每年清明时节,在黄山汤口、充川等地,人们竞相登高山名园,采肥腴芽尖,精炒细焙,标名"黄山毛峰"。抗日战争爆发之前,高级黄山毛峰年产量已达百担以上。黄山风景区境内海拔700—800米的桃花峰、紫云峰、云谷寺、松谷庵、吊桥庵、慈光阁一带为黄山毛峰的主产地,这里林木茂盛,日照时间短,水汽蒸腾,云雾缭绕,为黄山毛峰优异品质的形成提供了良好的自然条件。

　　品质特征:外形细扁稍卷曲,如雀舌披银毫,由于白毫显露,芽尖似峰,故名"毛峰";汤色杏黄清澈,香气馥郁,滋味鲜爽,回味甘甜,叶底嫩匀成朵。

信阳毛尖

信阳毛尖产于河南省信阳地区，茶园主要分布在车云山、集云山、天云山、云雾山、连云山、白龙潭、黑龙潭等群山峡谷之间，俗称"五云二潭"。这里山峦叠翠，溪流纵横，云遮雾绕。唐代时信阳已是全国十三个重点茶场之一，信阳毛尖被列为贡茶。据说武则天饮过此茶后，久治不愈的肠胃病立即消除，精神大振，于是赐银在车云山头修建了一座千佛塔。在1915年美国旧金山举行的巴拿马万国博览会上，信阳毛尖以优异的品质荣获金质奖章。

品质特征：外形紧细圆直，色泽翠绿多毫；汤色嫩绿明亮，香气清高，有毫香、鲜嫩香、熟板栗香，滋味鲜爽，叶底嫩绿匀齐。

平水珠茶

平水珠茶产于浙江省绍兴地区，因集中在平水镇加工，国际市场上称"平水珠茶"。平水珠茶是我国最早出口的商品之一，18世纪初以"贡熙茶"名风靡世界。它的英译名Gunpowder在中文中的意思是"枪弹"。来复枪发明之前，枪弹是浑圆如珠的，珠茶外形恰如早期的枪弹。这个英译名曾引出一桩趣事：一外国经销商在签订珠茶贸易合同时，要求我方在品名栏中以"中国绿茶"笼统称之，切勿出现Gunpowder字样，以免被当地海关误认为是一笔军火交易。

品质特征：外形紧圆，色泽绿润，身骨重实，呈颗粒状；汤色黄绿明亮，香气高爽持久，滋味浓郁，叶底翠绿匀净。

径 山 茶

　　径山茶产于浙江省杭州市余杭区径山。径山在唐宋时期是江南的佛教圣地,有不少日本高僧来这里学习佛法,回国时将径山的茶籽、饮茶器皿和径山寺内的一套茶宴礼仪带回日本。现在日本的茶道即由径山寺茶宴礼仪发展而成。径山茶久已失传,至1978年这一历史名茶才得以恢复。

　　品质特征:条索紧细弯曲,芽锋显露,色泽翠绿;汤色嫩绿明亮,香气持久,有板栗香,滋味甘醇爽口,叶底细嫩。

南安石亭绿

　　南安石亭绿产于福建省南安市丰洲乡九日山和莲花峰一带。莲花峰上有一座石亭, 称"不老亭", 建于明正德元年 (1506年)。相传宋末僧人净业、胜因二人在莲花峰岩石间发现茶树, 精心培育, 细加采制, 制成的茶成为僧家供佛之珍品。至石亭建成后, 此地香客日多, 游人渐增, 茶叶成为招待和馈赠之佳品。 由于茶叶品质优异, 又出自佛门, 求茗者日众。石亭因茶而增荣, 茶因石亭而出名, 石亭绿名声更盛。

　　品质特征: 外形紧结, 身骨重实, 色泽银灰显绿; 汤色清澈碧绿, 香气馥郁, 随着采制季节的不同, 生出兰花香、绿豆香、杏仁香, 滋味甘醇鲜爽, 叶底嫩绿。

竹 叶 青

　　竹叶青产于四川省峨眉山，山腰的万年寺、清音阁、白龙洞、黑水寺一带是盛产竹叶青的好地方，这里终年云雾缭绕，十分适宜茶树生长。"竹叶青"的命名尚有一番来历：1964年4月下旬的一天，时任国务院副总理陈毅一行途经峨眉山万年寺，入内歇息，老和尚泡了一杯新茶送到陈毅手里，馨香扑鼻，陈毅问道："此茶啥个名字？"老和尚答："还没有名字哩，请首长赐个名字吧！"陈毅高兴地说："我看这茶叶形似竹叶，清秀悦目，就叫竹叶青吧！"

　　品质特征：外形紧直扁平，两端尖细形似竹叶，色泽绿润；汤色黄绿明亮，清香持久，滋味甘醇，叶底嫩绿匀齐。

涌 溪 火 青

涌溪火青产于安徽省泾县黄田乡涌溪、石井坑等地。据考证，涌溪火青创制于明代。关于它的来历，当地有这样一个传说：有一位名叫刘金的秀才，外号"罗汉先生"，一年春天，他在涌溪弯头山发现一株金银茶（半边黄叶半边白叶的茶树），便采回芽叶制成涌溪火青上贡皇帝，遂广为传名。清咸丰年间，涌溪火青年产量有百余担，为其生产的鼎盛期。有人推断，"火青"是由"烚青"衍化而来，仿屯绿炒青制法并吸收浙江平水珠茶的制作技术发展而成。目前屯绿产区仍称炒干为"烚干"。涌溪火青的烚干技艺精湛，是目前其他炒青类绿茶炒干技术无法相比的，其制作技术之精华在于炭火烚干。

品质特征：外形呈腰圆状，颗粒紧实，色泽墨绿；汤色黄绿明亮，香气浓郁高长，滋味醇厚，叶底嫩黄成朵。

休宁松萝

　　休宁松萝产于安徽省休宁县石安镇松萝山，生产历史悠久，明代徐渭在《刻徐文长先生秘集》中将松萝茶列为当时三十种名茶之一。明冯时可《茶录》记述："徽郡向无茶，近出松萝茶，最为时尚。是茶始比丘大方，大方居虎丘最久，得采制法，其后于徽之松萝结庵，采诸山茶于庵焙制，远迩争市，价倏翔涌，人因称松萝茶，实非松萝所出也。是茶比天池茶稍粗，而气甚香，味更清，然于虎丘能称仲，不能伯也。"可见当时松萝茶品质比天池茶好，饮用松萝茶成为一种时尚。

　　品质特征：条索紧卷，色泽绿润；汤色黄绿明亮，香气高爽，带有橄榄味，滋味醇厚，有香高味重的特色，叶底细嫩匀齐。

望 海 茶

　　望海茶产于浙江省宁海县,是浙江省新制的名茶。宁海自然环境优越,望海茶生长于国家级森林公园宁海南溪温泉望海岗,这里幽谷深藏,风光秀美,终年云雾缭绕,土壤肥沃,茶以山为名。

　　品质特征:条索紧细挺直,色泽翠绿显毫;汤色嫩绿明亮,香气高长,滋味鲜爽甘醇,叶底嫩匀。

恩施玉露

　　恩施玉露产于湖北省恩施市五峰山，是我国保留至今的为数不多的传统蒸青绿茶，采用蒸汽杀青的方法。恩施玉露创制于清康熙年间，当时恩施芭蕉黄连溪有一兰姓茶商垒灶制茶，所制茶叶外形紧圆挺直，色绿，珍贵如玉，称"玉绿"。1936年，湖北省民生公司在与黄连溪毗邻的宣恩县庆阳坝设厂制茶，其茶香味浓郁，外形色泽翠绿，毫白如玉，格外显露，遂改名为"玉露"。

　　品质特征：外形紧细挺直，光滑如针，色泽墨绿油润；汤色嫩绿明亮，香气清爽，滋味醇和，叶底匀整。

都匀毛尖

　　都匀毛尖产于贵州省都匀市，主要产地在团山、哨脚、大槽一带。这里气候宜人，土层深厚，土壤疏松湿润，土质属酸性或微酸性，内含大量的铁质和磷酸盐，良好的自然条件十分适宜茶树的生长。据史料记载，早在明代，都匀出产的鱼钩茶、雀舌茶已被列为贡品进献朝廷。1915年都匀毛尖在美国旧金山举行的巴拿马万国博览会上获得优胜奖。

　　品质特征：条索纤细，卷曲披毫，色泽翠绿；汤色黄绿明亮，香气清爽，滋味醇和，叶底匀整。素以"干茶绿中带黄，汤色绿中透黄，叶底绿中显黄"的"三绿三黄"特色著称。

桂平西山茶

桂平西山茶产于广西省桂平县西山，又名"棋盘石西山茶"。西山茶始于唐代，到了明代已享有盛名。据《桂平县志》载："西山茶，出西山棋盘石乳泉井观音岩下，矮株数植，根吸石髓，叶映朝暾，故味甘腴而气芬芳，杭湖龙井未能逮也。"西山最高峰海拔700米左右，山中古木参天，绿树成荫，云雾缭绕。浔江水色澄碧，乳泉潺湲，冬不枯夏不溢，气候温和，雨量充沛。茶树多生长在山腰的奇峰怪石间，形成了优异的品质。

品质特征：条索紧结，纤细匀整，色泽黛绿，芽身披毫；汤色碧绿明亮，清香持久，滋味醇和鲜爽，叶底嫩绿明亮。

老 竹 大 方

　　老竹大方产于安徽省歙县竹铺、三阳坑、金川一带，创制于明代，清代已被列为贡茶。据《歙县志》记载："明隆庆年间，僧大方住休宁松萝山，制茶精妙，群邑师其法。然其时仅西北诸山及城大涵山产茶。降至清季，销输国外，遂广种植，有毛峰、大方、烘青等目。"因其由僧人大方始创于歙县老竹岭，故称"老竹大方"。

　　品质特征：外形扁平匀齐，挺秀光滑，色泽黛绿泛黄；汤色黄绿明亮，香气高长，有板栗香，滋味醇和，叶底嫩匀肥厚。

安吉白茶

　　安吉白茶产于浙江省安吉县。宋徽宗赵佶《大观茶论》中提到："白茶自为一种，与常茶不同，其条敷阐，其叶莹薄，崖林之间，偶然生出。"安吉白茶的芽叶呈玉白色，叶质薄，叶脉呈浅绿色，芽叶内曲，形似兰花状，经生化测定富含人体所需的十八种氨基酸，其氨基酸含量高于普通绿茶三至四倍，具有提高人体免疫力和减缓衰老之功效。

　　品质特征：外形扁平挺直如兰花状，色泽翠绿微黄，叶脉明显；汤色清澈明亮，嫩香持久，滋味鲜爽，叶底嫩绿成朵。

南京雨花茶

　　南京雨花茶产于江苏省南京市，1958年春由南京中山陵陵园管理局研制，1959年春试制成功。"雨花茶"的命名有其特殊的纪念意义：它翠绿挺拔如松针，仿佛牺牲在雨花台的革命烈士的铮铮铁骨，象征着坚贞不屈、万古长青的英雄形象。

　　品质特征：外形紧直浑圆，锋苗挺秀，宛如松针，色泽翠绿显毫；汤色碧绿，香气清爽，滋味醇和回甘，叶底嫩匀明亮。

太平猴魁

太平猴魁产于安徽省黄山市黄山区（原太平县）新明乡猴坑一带，此地产茶历史可追溯到明代以前。清末南京太平春、江南春、叶长春等茶庄纷纷在太平茶区设茶号收购加工尖茶，猴坑茶农精选肥壮幼嫩的芽叶，精工细制成魁尖，风格独特，质量超群。为使其他产地的魁尖难以鱼目混珠，特冠以猴坑地名，叫"猴魁"。 1915年在美国旧金山举行的巴拿马万国博览会上，太平猴魁荣获一等金质奖章和奖状，从此蜚声中外。

品质特征：外形有"刀枪云集，龙飞凤舞"的特色，两叶抱芽，扁平挺直，两端略尖，不散、不翘、不弯曲，色泽苍绿；汤色杏黄明亮，香气浓郁，滋味醇厚回甘，叶底肥嫩成朵。

开 化 龙 顶

开化龙顶产于浙江省开化县，此地位于钱塘江源头，是生产中国绿茶的"金三角"地区，周围都是我国传统的绿茶产区，东北邻遂绿茶区，北靠屯绿茶区，西接婺绿茶区，产茶环境十分优越，自古以来就是产茶的好地方。开化龙顶品质优异，明崇祯四年（1631年）被列为贡茶。

品质特征：条索紧结挺直，银绿显毫；汤色杏黄明亮，香气清幽，滋味鲜爽甘醇，叶底匀齐。

庐山云雾

　　庐山云雾产于江西庐山，这里"横看成岭侧成峰，远近高低各不同"，北临长江，南映鄱阳湖，风景非常优美。庐山产茶历史悠久，远在汉代，这里已有茶树种植。据《庐山志》记载，东汉时佛教传入我国，当时庐山寺院多至三百余座，僧侣云集，他们攀危崖，冒飞泉，竞采野茶；在白云深处劈崖填峪，栽种茶树，采制茶叶。20世纪50年代以来，庐山云雾的生产得到了迅速发展，现有茶园五千余亩，分布在庐山汉阳峰、五老峰、小天池、大天池、含鄱口、花径、天桥、修静庵、中安、捉马岭、海会寺、莲花洞、龙门沟、赛阳、碧云庵等地，其中五老峰与汉阳峰之间地区终年云雾缭绕，所产茶叶品质最好。

　　品质特征：条索紧结重实，色泽碧绿；汤色嫩绿明亮，香气高长，有豆花香，滋味醇厚，叶底嫩绿微黄。

安化松针

安化松针产于湖南省安化县。据文献记载，自宋代开始，安化境内的芙蓉山、云台山茶树已经是"山崖水畔，不种自生"了。安化的芙蓉青茶和云台云雾茶曾被列为贡茶，但几经变易，采制方法业已失传。1959年，安化茶叶试验场派出科技人员和工人分赴芙蓉山和云台山挖掘名茶遗产，并吸收国内外名茶采制特点，经四年的试制、总结、提高、定型，终于创制出绿茶珍品安化松针。

品质特征：外形纤细紧直如松针，色泽翠绿，白毫显露；汤色碧绿明亮，香气高长，有熟板栗香，滋味甘醇，叶底匀齐。

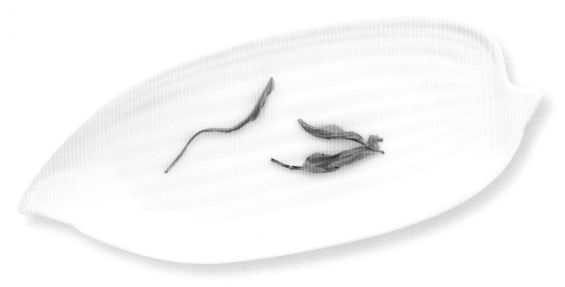

江山绿牡丹

　　江山绿牡丹原名"仙霞化龙"，产于浙江省江山市仙霞岭化龙溪两侧裴家地村、定村等地，以裴家地村品质最优。江山绿牡丹创制于唐代，北宋文学家苏东坡任杭州太守时所赋《谢赠仙霞山茶》诗誉之为"奇茗"，明代被列为贡茶，民国时期绝迹，1980年恢复生产。

　　品质特征：外形挺直，色泽翠绿显白毫；汤色碧绿清澈，清香持久，滋味鲜醇，叶底嫩绿成朵。

六安瓜片

六安瓜片产于安徽省大别山茶区，以六安、金寨、霍山三县所产最为著名。明代闻龙在《茶笺》中称，六安茶入药最有功效，不仅可以消暑、解渴、生津，还有极强的助消化作用。制作六安瓜片时，将采回的鲜叶剔除梗芽，并将嫩叶、老叶分开炒制，这种片状茶叶形似瓜子，遂称其"瓜子片"，以后叫成了"瓜片"。

品质特征：外形为瓜子形的单片，自然平展，大小匀整，色泽黛绿泛黄；汤色清澈明亮，香气持久，滋味鲜爽，叶底匀整。

高桥银峰

　　高桥银峰产于湖南省长沙市，是新创名茶，由湖南省茶叶研究所于1957年创制。郭沫若在1964年品尝高桥银峰后赞不绝口，旋即赋诗一首：

　　　　芙蓉国里产新茶，九嶷香风阜万家。
　　　　肯让湖州夸紫笋，愿同双井斗红纱。
　　　　脑如冰雪心如火，舌不饾饤眼不花。
　　　　协力免教天下醉，三闾无用独醒嗟。

　　品质特征：条索紧细，微卷曲，色泽翠绿，满披银毫；汤色黄绿明亮，香气持久，滋味甘醇，叶底嫩绿明亮。

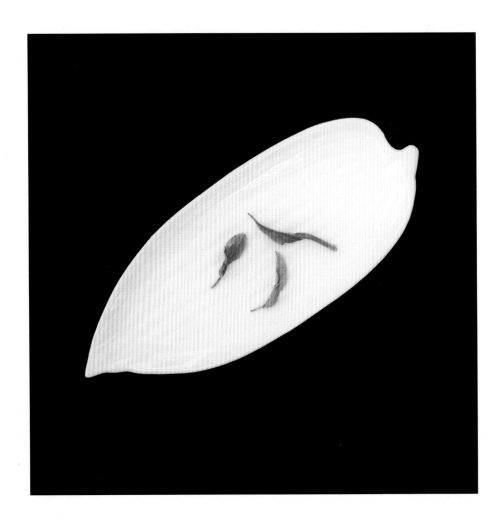

舒城兰花

　　舒城兰花产于安徽省舒城、六安、霍山、桐城等地,这里清代以前就有兰花茶生产。《桐城风物记》中有"龙眠山孙氏椒园茶"的记载,孙氏即孙鲁山,明代人,相传他家的椒园中种有茶树,制出的茶色碧绿,形似兰花,开汤后有雾像一炷香火升腾,并有兰花馨香,被封为贡茶,这就是后来的桐城小花。清光绪年间,舒城晓天和七里河为兰花茶主要产区。兰花茶有两种:舒城晓天、七里河、梅河、毛竹园等地主产大兰花,舒城南港、沟二口和庐江汤池、桐城大关等地主产小兰花。20世纪50年代兰花茶产量减少,且都为小兰花,大兰花已不再生产。

　　品质特征:芽叶相连似兰花,翠绿显锋毫;汤色杏黄明亮,香气持久,滋味甘醇,叶底黄绿成朵。

无锡毫茶

　　无锡毫茶产于江苏省无锡市，产区主要分布在太湖沿岸的丘陵地带。这里群山环抱，绿树成荫，太湖烟波浩淼，气候温和，土壤肥沃，适宜茶树生长。无锡茶文化历史悠久，早在明代就有惠山寺僧植茶的记载。无锡毫茶为新制名茶，创制于1979年，在历届名茶评比中屡次获奖，并远销美、英、加拿大等国，获得好评。

　　品质特征：外形卷曲肥壮，色泽绿翠，满披白毫；汤色明亮，香气高长，滋味醇和，叶底肥嫩。

天目青顶

　　天目青顶产于浙江省临安市境内天目山。天目山区产茶历史悠久,是我国的古老茶区之一。唐代陆羽《茶经》记载:"杭州,临安、於潜二县生天目山,与舒州同。"至明代,天目青顶被列为贡茶。据明万历年间《临安县志》记载:"云雾茶出天目,各乡俱产,唯天目山者最佳。"后因战乱失传。20世纪80年代,天目青顶得以恢复生产并名扬天下。

　　品质特征:外形紧结略扁,色泽绿润显锋毫;汤色黄绿明亮,清香持久,叶底嫩绿匀齐。

古丈毛尖

　　古丈毛尖产于湖南省西部武陵山区的古丈县，这里山高谷深，森林密布，洞溪潺湲，云雾缭绕，雨量充沛，气候温和，土壤肥沃。三四月采头茶季节，每天上午九时才日出云散，即使盛夏，也时而晴空万里，时而云遮雾绕。由于云雾多、日照少、漫射光多，所产茶叶内含物质丰富，持嫩性强，叶质柔嫩，茸毛多。古丈产茶历史悠久，东汉时已成著名产茶区，唐代溪州即以芽茶入贡，清代又被列为贡茶。

　　品质特征：条索紧细，锋苗挺秀，色泽翠绿，满披白毫；汤色黄绿明亮，香气馥郁，滋味醇厚，叶底嫩绿匀整。

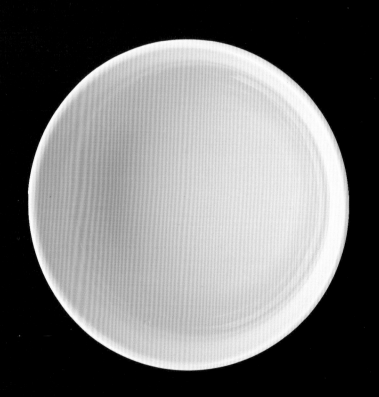

蒙顶甘露

蒙顶甘露产于四川省邛崃山脉之中的蒙山，由于品质优异，历代文人雅士对蒙顶甘露称颂不已。蒙山产茶已有两千多年历史，相传在西汉末年，有位甘露寺普慧禅师在蒙山中顶上清峰栽植了七株茶树，直至清雍正年间茶树尚在，据说"高不盈尺，不生（长）不灭"，产量虽不多，但能治百病。这七株由普慧禅师栽种的"仙茶"，在汉碑和明、清两代石碑以及《名山县志》中均有记载。蒙顶茶从唐代开始作为贡茶，一直沿续至清代。蒙山上每年采制贡茶极为讲究，每逢春茶芽头初发，县官即择定吉日，

穿起朝服，率领僚属并名山县七十二寺和尚上山祭拜，烧香礼佛之后开始采摘，规定只采三百六十叶，送交茶僧负责炒制。

　　品质特征：外形紧秀卷曲，色泽浅绿，油润多毫，叶嫩芽壮；汤色翠绿，香气馥郁，滋味鲜爽，叶底细嫩匀整。

永川秀芽

　　永川秀芽是新制名茶，创制于1964年，产地为重庆市永川区。永川地处渝西南平行峡谷丘陵地带的西端，永川秀芽主产于箕山南麓，箕山上遍布苍松翠竹，云雾缭绕，雨量充沛，土壤肥沃，梯形茶园遍布，自然环境优越，适宜茶树生长。

　　品质特征：外形紧直纤秀，色泽鲜润翠绿，芽叶披毫露锋；汤色碧绿明亮，香气馥郁，滋味鲜醇回甘，叶底细嫩明亮。

磐 安 云 峰

　　磐安云峰古称"婺州东白",产于浙江省磐安县大盘山一带,相传为晋道士许逊所研制。20世纪70年代末,磐安云峰秉承婺州东白的加工工艺,试制成功,1985年正式定名。

　　品质特征:外形紧细匀直,色泽翠绿光润;汤色嫩绿明亮,香气持久,滋味鲜爽甘醇,叶底嫩绿,具有"三绿一香"的品质特征。

普 陀 佛 茶

普陀佛茶又名"佛顶云雾"，因产于浙江省舟山市普陀山的最高峰佛顶山，且长期以来作为寺院僧人用茶，故名"佛茶"。普陀佛茶不仅有清心提神之功效，还可以治病，据《普陀山志》记载，谷雨前采制的佛茶，用当地泉水冲饮，可治肺痈、血痢。普陀佛茶原为一种野生茶，人工种植约始于一千多年前的唐代，在明代志书中有记载。经当地僧人和居民精心培育，普陀佛茶以其独特的风味享有盛名，清光绪年间曾被列为贡茶，在1915年美国旧金山举行的巴拿马万国博览会上荣获二等奖。

品质特征：条索"似圆非圆，似眉非眉"，色泽翠绿，芽身披毫；汤色和叶底嫩绿肥厚，清香持久，滋味甘醇，叶底嫩匀。

松阳银猴

　　松阳银猴产于浙江省松阳县，是20世纪80年代的新创名茶。松阳植茶在三国时期就有记载，至明清时，松阳茶已很有名气。松阳县境内群山连绵，山水苍碧，具有"八山一水一分田"的地理特征，优越的自然环境，造就了松阳银猴的优异品质。

　　品质特征：外形紧结略弯曲，嫩绿、油润、显毫；汤色黄绿明亮，香气持久，有花香，滋味鲜醇，叶底嫩匀。

瀑布仙茗

　　瀑布仙茗产于浙江省余姚市四明山区的道士山，生产历史悠久，据《神异记》载："余姚人虞洪入山采茗，遇一道士，牵三青牛，引洪至瀑布山，曰：'予丹丘子也，闻子善具饮，常思见惠。山中有大茗，可以相给，祈子他日有瓯牺之余，乞相遗也。'因立奠祀，后常令家人入山，获大茗焉。"虞洪为晋代人。唐陆羽《茶经》载，余姚有以大茶树的芽叶制成的茶叶，品质特优，称之"仙茗"。瀑布仙茗的制作工艺曾一度失传，直至1979年被重新发掘，生产才得以恢复。

　　品质特征：外形紧细略扁，色泽绿润；汤色嫩绿明亮，香气浓郁，滋味鲜爽，叶底成朵。

千岛玉叶

千岛玉叶产于浙江省淳安县青溪一带，此地位于千岛湖边，风景秀丽，空气湿润，适宜茶树生长。千岛玉叶原称"千岛湖龙井"，创制于1982年。 1983年7月，浙江农业大学教授庄晚芳到淳安考察，品尝了千岛湖龙井后，根据茶叶肥嫩、有白毫的特点，亲笔题名"千岛玉叶"。

品质特征：外形扁平挺直，翠绿露毫；汤色鲜亮，清香持久，滋味甘醇，叶底嫩绿成朵。

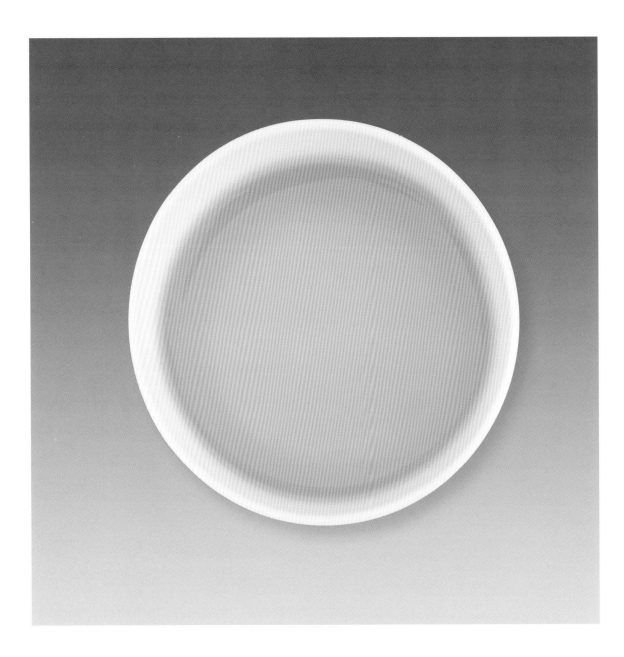

三杯香

  三杯香产于浙江省泰顺县,这里平均海拔800米以上,四周群山环抱,云雾缭绕,溪流纵横交错,气候温和,日照时间较短,土壤多为黄壤、灰棕壤,含有石英细砾,质地疏松,有机质含量丰富。

  品质特征:外形紧细纤秀,锋苗显露,色泽绿中带黄,似莲心色;香气清幽,含绿豆香,滋味醇和。以香高味醇,冲泡三次后仍有余香而得名。

敬亭绿雪

　　敬亭绿雪产于安徽省宣城近郊的敬亭山，始创于明代。关于茶名的由来有一段凄美的传说：一位姑娘叫绿雪，她心灵手巧，采茶不用手摘，而是用嘴衔。有一次，她在悬崖上采茶，失足身亡。为了纪念她，敬亭茶得名"绿雪"。由于其风格独特，《宣城县志》中载有许多文人学士赞美敬亭绿雪的诗文。恢复敬亭绿雪的研制工作自1972年开始，于1978年通过审评鉴定。

　　品质特征：外形似雀舌，挺直饱满，色泽翠绿，身披白毫；汤色清澈明亮，香气持久，滋味醇和鲜爽，叶底嫩绿成朵。

雪水云绿

雪水云绿产于浙江省桐庐县新合乡的天堂峰、雪水峰一带，《桐庐县地名志》记载："天堂、雪水两地，山高雾多，气温低，所产云雾茶为茶中珍品。"据明代李日华《六研斋笔记》记述，宋代时雪水云绿已成贡茶。

品质特征：外形紧直似莲心，芽锋显露，色泽嫩绿；汤色清澈明亮，清香持久，滋味鲜醇，叶底嫩匀。

临海蟠毫

　　临海蟠毫产于浙江省临海市临江南岸的云峰山，是浙江新开发的名茶，1979年开始试制，经过不断改进提高，于1982年定型。临海产茶历史悠久，明嘉靖年间就有关于云峰茶的记载，称其"味异他处"。云峰山濒临东海，西北面有括苍山脉，自成天然屏障，故气候温和，雨量充沛，终年云雾缭绕，所产茶叶内含物质十分丰富。

　　品质特征：外形卷曲似螺，满披银毫，色泽银绿隐翠；汤色嫩绿明亮，香气高长，滋味甘醇，叶底成朵。

浦江春毫

　　浦江春毫产于浙江省浦江县仙霞山龙门山脉的杭坪、虞宅、花桥一带，是20世纪80年代的新创名茶，1981年开始试制，1987年正式定名。浦江一带在明万历年间就有产茶的记载，有些地方的茶园在当时即有相当规模。

　　品质特征：外形紧卷披毫，细嫩翠绿；汤色清澈明亮，香气持久，滋味鲜爽甘醇，叶底嫩匀。

羊岩勾青

　　羊岩勾青产于浙江省临海市的羊岩茶场。羊岩茶场为浙江省茶叶标准化示范区和首批优质高效农业示范基地。羊岩勾青在2001年已跻身浙江省名茶行列，得到广大消费者的喜爱，产品供不应求。

　　品质特征：外形钩曲，绿润显毫；汤色嫩绿明亮，清香持久，滋味醇和耐冲泡，叶底细嫩成朵。

绿剑茶

　　绿剑茶是浙江省新创名茶，于1994年开发生产。绿剑茶生长于浙江省诸暨市的龙门山脉和东白山麓，这里土壤肥沃，气候温和，所产茶叶品质优异。

　　品质特征：外形略扁，两端尖如宝剑，色泽绿润；汤色黄绿明亮，有清香，滋味鲜醇，叶底细嫩匀齐。

紫阳毛尖

　　紫阳毛尖产于陕西省紫阳县，自唐代起即"每岁充贡"。由于地理和气候原因，紫阳毛尖具有香浓爽口、回味醇厚甘甜的独特风味。紫阳是我国第二个富硒区，所产茶叶中硒含量较高，常饮紫阳茶，可以简便有效地补充硒元素。著名作家贾平凹有诗曰："无忧何必去饮酒，清静常品紫阳茶。"

　　品质特征：条索圆直紧细，肥壮匀整，色泽翠绿，白毫显露；汤色嫩绿明亮，嫩香持久，滋味鲜醇回甘，叶底肥嫩匀整。

南糯白毫

  南糯白毫主产于云南西双版纳州勐海县南糯山,创制于1981年。茶区终年云雾缭绕,气候宜人,年均气温18℃—21℃,雨量充沛,土壤肥沃,腐殖质层厚,矿物质含量丰富。采摘标准为一芽二叶,一般只采春茶,主要工序分摊青、杀青、揉捻和烘干。

  品质特征:外形条索紧结,身披白毫;汤色黄绿明亮,香气馥郁,滋味浓厚,叶底嫩匀成朵,经饮耐泡,饮后齿颊留香。

滇青

　　滇青产于云南省，是采用大叶种茶树的鲜叶，经杀青、揉捻后以日光干燥而成的优质绿茶，又叫"晒青茶"，主要作为紧压茶原料。滇青具有经久耐泡的特点，除可作一般茶叶冲泡饮用外，还宜作烤茶，别有风味。

　　品质特征：外形紧结肥硕，满披银毫，色泽银绿油润；汤色杏黄明亮，香气纯正，滋味醇和，叶底肥厚成朵。

武阳春雨

　　武阳春雨产于"中国有机茶之乡"浙江省武义县,该县地处浙江中部、金衢盆地东南,森林覆盖率达72%,境内峰峦叠翠,山清水秀,土壤肥沃,气候温和,地理、气候条件非常适宜茶树生长。武阳春雨是1994年开发的名茶。

　　品质特征:外形紧细略扁,色泽绿润;汤色嫩绿明亮,清香持久,滋味醇厚,叶底匀整。

午子仙毫

　　午子仙毫产于陕西省西乡县的午子山一带，这里产茶历史悠久，据《西乡县志》记载，西乡产茶始于秦汉，盛于唐宋。历史上曾有"男废耕，女废织，其民昼夜制茶不休"的记载。西乡在明初是以茶易马的主要集散地之一。午子仙毫于1984年创制，经两年努力获得成功，得到有关专家一致好评。

　　品质特征：外形微扁，翠绿；汤色黄绿明亮，有清香，滋味鲜醇，叶底嫩绿。

鹿鸣剑芽

　　鹿鸣剑芽是新创名茶，产于四川省珙县石碑乡，生长于平均海拔1150米的川云山麓。这里清泉甘冽，土质肥沃，林木错落，茶园随气候变化各呈异趣，优异的自然环境使茶叶品质更为出色。

　　品质特征：外形略扁挺秀，色泽翠绿；汤色黄绿明亮，香气清雅，滋味醇厚，叶底嫩绿匀齐。

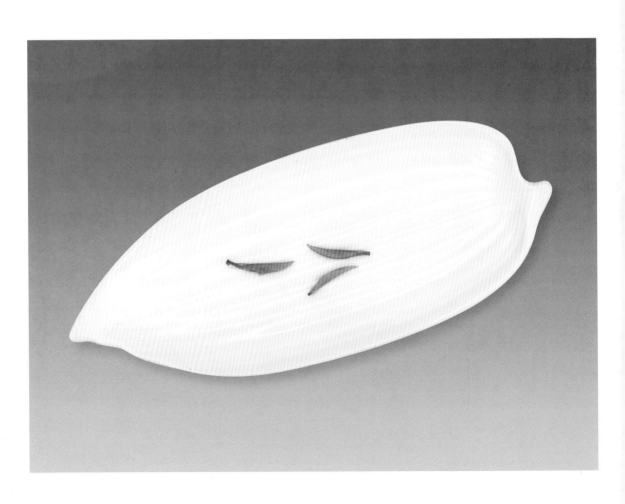

东白春芽

东白春芽产于浙江省东阳市东白山一带，是历史名茶，晋代已有记载，唐代即为当时的名茶之一，明代被列为贡茶。据明隆庆年间《东阳县志》记载："茶产东白山者佳，今充贡，岁进新芽茶四斤。"

品质特征：外形平直略展开，状似兰花，色泽翠绿，芽毫显露；汤色清澈明亮，香气具板栗香，滋味鲜爽甘醇，回味持久，叶底嫩绿明亮。

建 德 苞 茶

    建德苞茶产于浙江省建德市梅城附近的山岭中及三都的深山峡谷内。建德是我国老茶区之一，建德苞茶创制于清同治年间。当年徽商运销黄山毛峰，经新安江至严东关，而严东关是皖南和浙西的物资集散码头，这一带对名茶需求量很大，徽商就在此地仿制黄山毛峰。而所仿制的茶外形、内质与黄山毛峰不尽相同，别具一格，初定名"小里苞茶"，后随产量和产地的扩大改名为"建德苞茶"。

    品质特征：芽叶成朵不断碎，色泽黄绿，芽身披毫，冲泡于杯中，嫩梗朝下，芽头朝上，犹如天女散花；汤色橙黄，香气浓郁，滋味鲜爽，叶底嫩匀。

茅山长青

茅山长青产于江苏省句容市，1986年由当地的茶场开始试制，1987年进行第二次试制，经过两年时间的努力，茅山长青基本定型，成为江苏省名优茶。

品质特征：外形翠绿略扁；汤色清亮，香气持久，有花香，滋味鲜爽，叶底匀整。

小 布 岩 茶

　　小布岩茶产于江西省宁都县小布垦殖场的岩背脑，1969年进行试种，经过多年实践，终于成功创制了别具一格的小布岩茶，1982年被定为江西省名优茶。茶区土层深厚，有机质含量十分丰富。

　　品质特征：外形似弯眉，显锋毫；汤色黄绿明亮，香气持久，有花香，滋味鲜爽甘醇，叶底嫩绿匀整。

仙 瑶 隐 雾

　　仙瑶隐雾产于浙江省泰顺县，是新创名茶，采制于清明至谷雨期间，专选肥壮、柔嫩、多毫的当地小叶良种为原料，品质优异。

　　品质特征：芽叶柔嫩，条索紧细，色泽绿润，完枝显毫；汤色清澈明亮，香气持久，滋味鲜爽，叶底黄绿嫩匀。

凤阳春

  凤阳春产于浙江省龙泉市。龙泉在三国时已产茶，唐代龙泉茶更被列为贡茶，而龙泉贡茶就产于凤阳山一带。为恢复历史名茶，当地创制了凤阳春。

  品质特征：形似松针，锋苗紧直挺秀，翠绿显毫；汤色清澈明亮，香气浓郁，滋味鲜爽甘醇，叶底嫩匀。

女儿环

女儿环产于云南省普洱市，系用手工工艺制作，特选茶树嫩叶，以手工揉绕成环形，因其外形小巧可爱似女孩的耳环而得名。其外观造型独特，具有较高的艺术价值。

品质特征：外形呈圆环状；汤色嫩绿明亮，香气高长，滋味醇厚回甘，叶底肥壮。

承 天 雪 龙

　　承天雪龙原名"银剑",产于浙江省泰顺县,是著名的泰顺高山云雾茶。因其白毫披身,状似雪龙,在1985年的泰顺名茶品评会上被专家命名为"承天雪龙"。

　　品质特征:色泽翠绿,白毫披身;汤色杏黄明亮,清香持久,滋味醇和,叶底匀齐。

婺州举岩

婺州举岩产于浙江省金华市，又称"金华举岩"，因其产地峰石玲珑，巨岩重叠，犹似仙人举石而得名。五代时毛文锡《茶谱》中就有"婺州有举岩茶，其片甚细，所出虽少，味极甘芳，煎如碧乳"的记载。

品质特征：条索紧直略扁，茸毫依稀可见，色泽银翠交织；汤色嫩绿明亮，清香持久，具有花粉香，滋味鲜爽甘醇，叶底嫩绿匀整。

雁荡毛峰

　　雁荡毛峰产于浙江省乐清县境内的雁荡山，又名"雁荡云雾茶"，1994年被定名为"雁荡毛峰"，古时曾曰"白云茶"，俗称"雁山茶"，明代被列为贡茶。

　　品质特征：外形秀长紧结，色泽翠绿，芽毫显露；汤色浅绿明亮，香气浓郁，滋味鲜爽，叶底嫩绿成朵。

望府银毫

望府银毫产于浙江省宁海县望府楼茶场,是新创名茶,于1987年开始试制,为浙江省名优茶。

品质特征:条索肥壮紧直,满身披毫;汤色嫩绿明亮,浓香馥郁,滋味鲜爽甘醇,叶底肥嫩明亮。

横 纹 细 秀

　　横纹细秀产于安徽省郎溪县，是白阳岗瑞草魁茶场新开发的名茶，1995年被评为安徽省优质产品。

　　品质特征：条索紧细，锋苗挺直，色泽翠绿；汤色碧绿清亮，嫩香持久，滋味鲜爽，叶底匀整。

浮来春

　　浮来春产于山东省日照市莒县，是日照南茶北引后的新创名茶。当地群众为发展茶产业，1966年从安徽省引进屯绿品种，种植成功后开发了浮来春，深受消费者欢迎。

　　品质特征：条索紧细卷曲，色泽翠绿，茸毛显露；汤色嫩绿明亮，香气高长，有板栗香，滋味鲜爽，叶底嫩匀。

雾洞茶

雾洞茶产于湖北省利川市忠路镇雾洞坡一带,明成祖朱棣曾品饮此茶,赐诗曰:"此茶生来出雾洞,弟兄结拜在虚空。今夜敬茶同饮后,品居满园辅朝忠。"《恩施县志》中记载:"雾洞坡的茶,白鹤井的水,冲泡后尖尖朝上,形如白鹤腾空。"

品质特征:外形紧细有锋苗,色泽翠绿油润;汤色嫩绿明亮,清香持久,滋味醇厚,叶底嫩绿匀齐。

大佛龙井

大佛龙井产于浙江省新昌县，主要分布于海拔400米以上的高山茶区。产品选用高山无公害良种茶园的幼嫩芽叶，经摊放、杀青、摊凉、辉干、分筛、整形等工艺精制而成。

大佛龙井有两款基本定型的茶品，具有不同风格，按新昌方言叫"绿版"、"黄版"，它们的区别主要在于成品茶的外形、色泽和香气不同：

绿版的主要特征是：茶叶绿多黄少，在炒制上努力做到在无青草气的前提下尽量使茶叶青翠碧绿，清香持久，即达到"绿无青气"。

黄版的主要特征是：茶叶黄多绿少，在炒制时防止高火可能带来的焦苦味，做到"黄无焦味"。

品质特征：外形扁平光滑，尖削挺直，色泽青翠匀润；汤色黄绿明亮，香气持久，略带兰花香，滋味鲜爽甘醇，叶底细嫩成朵，具有典型的高山茶风味。

眉 茶

　　眉茶，属绿茶类珍品之一，因其条索纤细如女子的秀眉而得名。眉茶起源于安徽、浙江、江西三省交界处的安徽省的休宁、屯溪、黟县、歙县，江西省的婺源和浙江省的淳安、建德、开化一带。我国各产茶省均有眉茶生产，其中以浙江、安徽、江西三省为主。眉茶是中国产区最广、产量最高、销量最稳、消费最普遍的茶类。

　　品质特征：外形条索紧结匀整，色泽翠绿乌润；汤色碧绿清澈，滋味幽香醇厚，甘腴芬芳。

雪青

　　雪青产于山东省日照市，茶区山清水秀，云遮雾绕，冬天气候严寒，使害虫无法越冬，故一般不施用农药，是绿色纯天然饮品。采摘于4月下旬至5月上旬，标准为一芽一叶。

　　品质特征：茶叶细如毫发，色泽青绿；汤色明亮清澈，口感清醇鲜香，回味甘甜。

采花毛尖

采花毛尖产于湖北省五峰土家族自治县，《茶经》记载"峡州山南出好茶"，即指此地。该县境内群山叠翠，云雾缭绕，空气清新，雨水丰沛，素有"中国名茶之乡"、"三峡南岸后花园"之美誉。产自这里的茶叶以其香清、汤碧、味醇、汁浓及可强身健体而著称。

品质特征：外形细秀匀直，色泽翠绿油润，汤色清澈，香气持久，滋味鲜爽回甘；叶底嫩绿明亮。

华顶云雾

华顶云雾又称"天台山云雾茶",为浙江四大名茶之一,主产于天台山主峰华顶。茶树大多种植于海拔800—900米处,茶区气候夏凉冬寒,常年平均气温为12.2℃,四季浓雾笼罩,终年保持湿润。华顶云雾色泽绿润,具有高山云雾茶的鲜明特色,采摘期约在谷雨至立夏前后,标准为一芽一叶或一芽二叶初展。原属炒青绿茶,手工制作,后改为半炒半烘,以炒为主,仍以手工方式制作。鲜叶经摊放、高温杀青、散热摊凉、轻加揉捻、初烘失水、入锅炒制和低温辉焙等工序制成。

品质特征:外形紧细弯曲,芽毫壮实显露,色泽翠绿有神;香气清高,滋味鲜醇,经泡耐饮,冲泡三次犹有余香,充分显示出高山云雾茶的特色,被视为绿茶中的珍品。

太湖翠竹

　　太湖翠竹主产于江苏省无锡市，茶区位于斗山地区，气候湿润，环境幽静，具有生态优势。斗山地区相传是倡导"天人协和，万物共荣"的舜帝躬耕之地，也是清康熙年间"禁渔禁猎，禁止开山"的生态保护地。太湖翠竹创制于20世纪80年代后期，最早是手工制作，1994年引进多功能茶机加工，产品远销我国港澳地区以及日本、东南亚国家和西欧国家。

　　品质特征：外形扁似竹叶，色泽翠绿油润；汤色清澈明亮，滋味鲜醇，香气清高持久，叶底嫩绿匀整。冲泡时嫩绿的茶芽徐徐伸展，因而得名。

狗牯脑

　　狗牯脑产于江西省遂川县狗牯脑山,为"遂川三宝"之一。狗牯脑山矗立于罗霄山脉南麓支系群山之中,坐南朝北,山南为五指峰,北为老虎岩,东北面5公里处有著名的汤湖温泉。山中林木苍翠,溪流潺潺,云雾缭绕,冬无严寒,夏无酷暑,土壤肥沃,是得天独厚的名茶产地。因日照短,多散射光,因而芽叶中氨基酸、咖啡碱、芳香物质等含量丰富。鲜叶采自当地群体小叶种,每年清明前后开采,标准为一芽一叶,经拣青、杀青、初揉、复揉、整形、提毫、炒干等工序加工而成。

　　品质特征:外形紧结秀丽,条索匀整纤细,颜色碧中微露黛绿,表面覆盖一层细软的白茸毫,莹润生辉;泡后速沉,茶汤清亮澄澈,略呈金黄,滋味鲜醇香甜,香气高雅,略有花香。

顶 谷 大 方

　　顶谷大方主产于安徽省歙县的竹铺、金川、三阳等地，尤以竹铺乡的老竹岭、大方山和金川乡的福泉山所产品质最优。顶谷大方创制于明代，清代被列为贡茶。茶区一般都在海拔千米以上，山势险峻，竹木遍植，云雾萦绕，雨量充沛，形成了一个小气候，同时，土质优良，呈酸性，非常适宜茶树的生长。采摘标准为一芽二叶初展，一年之中可采制春、夏、秋三季茶，其中以春茶为最佳。

　　品质特征：外形扁平匀齐，挺秀光滑，翠绿微黄，色泽稍暗，满披金毫；汤色清澈微黄，香气高长，有板栗香，滋味醇厚爽口，叶底嫩匀，芽叶肥壮。普通大方茶色泽深绿褐色似铸铁，形如竹叶，故称"铁色大方"，又叫"竹叶大方"。

牯牛降茶

　　牯牛降茶主产于皖南的崇山峻岭之中。茶区常年云遮雾绕，气候宜人，环境独特，所产茶叶嫩度高，营养丰富，滋味绝妙，品质卓越，既有松竹之清香，又有兰菊之雅韵，味纯香正，纤尘不染。牯牛降地区茶树的最大特点是经过人工栽培，属于主动开辟和引植的茶树群，尽管生长在深山老林，却不属于纯粹的野生茶。

　　品质特征：条索紧结，芽叶舒展，香高持久，沁人心脾，令人回味无穷。

岳西翠尖

  岳西翠尖主产于大别山腹地的安徽省岳西县境内。茶区自然生态条件优良，现有茶园大多分布在海拔400—800米的深山密林之中，空气清新，水质洁净，气候温和，雨量充沛，昼夜温差大，无霜期适中，有机质含量丰富，常年受漫射光照射，四季云遮雾盖，还有花香熏陶，清泉滋润，所产茶叶品质特优且无工业污染。岳西翠尖产于谷雨前后，采摘标准为一芽一叶，通过摊放、杀青、整形、烘干、精选等工艺制成。

  品质特征：一芽粗壮，一叶初展，大小匀齐，挺直紧凑，色泽翠绿鲜活；汤色浅绿明亮，叶底嫩黄匀齐，香气清高持久，滋味醇厚回甘。

汀溪兰香

汀溪兰香主产于安徽省泾县汀溪乡大坑村，是在原有的汀溪提魁基础上，采用传统手工工艺精制而成的系列茶，其色、形、味别有特色，并具有兰花香味。茶区山高林密，幽谷纵横，土壤肥沃，气候温和，常年与山花为伴，白云为友，清泉为邻，可谓"晴时早晚遍地雾，阴雨成天满山云"。优越的生态环境孕育出肥嫩滴翠的茶芽，再经过精心采制，遂成为香高味醇的名茶。

品质特征：形如绣剪，色泽翠绿，匀润显毫；汤色嫩绿明亮，滋味鲜醇爽口，叶底嫩黄，匀整肥壮。

兰馨雀舌

　　兰馨雀舌主产于贵州省湄潭县，属扁形名优绿茶。茶区土质优良，气候宜人，为国内唯一兼具低纬度、高海拔、寡日照条件的原生态茶区。海拔较高，气压也就相对较低，极利于茶叶生长和芳香油的形成。四季云雾缭绕，适合茶树的耐阴特性。其制作工艺源于20世纪三四十年代，国民政府在湄潭设立民国中央实验茶场及浙江大学西迁湄潭办学期间，当地得以传承、推广西湖龙井的制作工艺。

　　品质特征：外形扁平直滑，匀齐绿润；汤色嫩绿明亮，滋味浓厚鲜爽，香气清香持久，叶底嫩绿匀整。

第二节 红茶

我国红茶虽然产量不大,但与其他国家相比,品种很多,有小种红茶,如福建的正山小种;有功夫红茶,如祁红、滇红,祁红曾在1915年美国旧金山举行的巴拿马万国博览会上荣获金奖;有红碎茶、紧压红茶,湖北赵李桥的米砖就是用红碎茶蒸压而成的。

红茶的加工工序主要有:萎凋、揉捻、发酵、干燥。发酵是红茶加工的关键工序,经发酵后的红茶性温,有暖胃的功效。我国最早创制的红茶是小种红茶,在干燥时用松木烟火熏焙,茶叶吸收大量松烟,形成特有的松烟香和类似桂圆汤的滋味,鲜爽甘醇。后来在小种红茶的基础上制成功夫红茶,以制作精细而得名"功夫"。这类茶的品质特征为:外形条索紧细稍弯曲,色呈红褐色,乌润有光泽,毫尖金黄,汤色红艳明亮,香气高锐,滋味甘醇。

祁 门 红 茶

祁门红茶产于安徽省祁门县,创制于1875年,历史悠久。祁门红茶是世界三大高香茶之一,19世纪中叶曾风靡英伦,是最受欢迎的东方饮品;1915年在美国旧金山举行的巴拿马万国博览会上荣获金质奖章,为中国传统功夫红茶之一。

品质特征:条索紧细有金毫;汤色红艳明亮,香气持久,有花香,滋味醇厚,叶底嫩匀。

红碎茶

　　我国在20世纪60年代以后开始试制红碎茶，其中云南、两广和海南用大叶型品种生产的红碎茶品质较好。红碎茶可直接冲泡，也可包装成袋泡茶后连袋冲泡，加糖或乳品调饮。

　　品质特征：颗粒紧细，色泽乌黑或带褐色；汤色红艳，香气高锐，滋味浓郁鲜爽，叶底红亮。

正山小种

　　正山小种产于福建省武夷山市星村镇桐木关一带。明末清初，时局动乱不安，有支军队从江西进入福建过境桐木关，占驻茶厂，待制的茶叶无法及时以炭火烘干，产生红变。茶农为挽回损失，采用易燃松木加温烘干，结果形成一股特有的松香味，口感极好，稍加筛分制作即装篓上市，得到海内外消费者的喜爱，由此产生正山小种红茶，又称"桐木关小种"。据资料记载，1662年葡萄牙公主凯瑟琳嫁给英国国王查理二世时带去几箱中国正山小种，每天早晨起床后第一件事就是要先泡一杯正山小种，正山小种因而名重一时。

　　品质特征：外形紧结圆实，条索肥壮，色泽乌润；汤色红艳，香气高锐，带松烟香，滋味醇厚，有桂圆汤味，叶底肥厚红亮。

宜 红

　　宜红产于湖北省宜昌、恩施两地，创制于19世纪中叶，至今已有百余年历史。当年广东商人在五峰渔洋关传授红茶采制技术，设庄收购红茶，运往汉口再转广州出口。随着生产规模的扩大，带动了周边地区，红茶产量剧增，在1861年汉口成为通商口岸后，英国商人来此收购红茶，由宜昌转运汉口出口的红茶取名"宜昌红茶"，因此得名"宜红"。

　　品质特征：外形条索紧细，有金毫，色泽乌润；汤色红艳明亮，稍冷即有"冷后浑"现象产生，香味高长，滋味醇厚，叶底红亮柔软。

英 红

英德红茶产于广东省英德县。茶区峰峦起伏，江水萦绕，喀斯特地貌构成了洞幽水丰的自然环境。此地属南亚热带季风气候，年均气温20.7℃，年均降水量1883.9毫米，年相对湿度79%；无霜期长，霜日不足十天；土层深厚肥沃，土壤酸度适宜，pH为4.5—5。所栽培的茶树以云南大叶与凤凰水仙两大优良群体为基础，选取一芽二叶、一芽三叶为原料，经萎凋、揉切、发酵、烘干、复制、精选等多道工序精制而成。其茶多酚含量超过35%，较一般品种多10%，可凉、热净饮或加糖、奶调饮。

品质特征：外形紧结重实，乌润细嫩，金毫显露；汤色红艳明亮，香气浓郁，滋味鲜爽，叶底嫩匀红亮。

滇 红

　　滇红是云南红茶的统称，于1939年在云南省凤庆县试制成功。据《顺宁县志》记载："1938年，东南各省茶区接近战区，产制不易，中茶公司遵奉部命，积极开发西南茶区，以维持华茶在国际上现有市场，于民国28年(1939年)3月8日正式成立顺宁茶厂(今凤庆茶厂)，筹建与试制同时并进。"当年生产15吨滇红销往英国，以后不断扩大生产，西双版纳勐海等地也组织生产，产品质量优异，深受国际市场欢迎。

　　品质特征：条索紧直肥壮，苗锋秀丽完整，金毫多而显露，色泽乌黑油润；汤色红浓透明，香气持久，滋味鲜爽，叶底红亮。

宁 红

宁红产于江西省平江县长寿街一带，茶区位于赣西北隅，幕阜、九宫两大山脉蜿蜒其间。山多田少，地势高峻，树木苍翠，雨量充沛，土质富含腐殖质，深厚肥沃，形成宁红功夫优良的自然品质。

品质特征：条索紧结圆直，锋苗挺拔，略显红筋，色乌润，略泛红色，有光泽；汤色红艳，香气持久，滋味醇和，叶底红亮。

九曲红梅

　　九曲红梅产于浙江省杭州市西湖区周浦乡，以湖埠大坞山所产品质最佳。大坞山海拔500多米，山顶为一盆地，土质肥沃，四周山峦环抱，林木茂盛，遮风避雪，掩蔽烈日；地临钱塘江，江上水汽蒸腾，山上云雾缭绕，造就了茶树的优良品质。

　　品质特征：外形弯曲紧细如钩，满披金色茸毛，色泽乌润；汤色红艳明亮，香气高长，滋味甘醇，叶底完整，柔软红亮。

坦洋功夫

坦洋功夫分布较广，主产于福建省福安、拓荣、寿宁、周宁、霞浦及屏南北部等地。坦洋功夫始创于福安境内白云山麓的坦洋村，相传清咸丰、同治年间坦洋村人胡福四试制红茶成功，经广州运销西欧国家，很受消费者欢迎。

品质特征：外形细长匀整，带白毫，色泽乌黑有光；汤色鲜艳，呈金黄色，香气清高，滋味鲜醇，叶底红亮匀整。

白琳功夫

    白琳功夫是福鼎功夫红茶,因主产地福鼎白琳而得名,以高超的纯手工制作技艺和独特、优秀的品质在海内外享有盛名,曾与坦洋功夫及政和功夫并列为"闽红三大功夫茶",驰名中外。而白琳功夫制作技艺是创制功夫红茶的中心工序,传承久远,独具魅力,是极其宝贵的非物质文化遗产。

    品质特征:叶形细长弯曲,色泽黄黑;汤色明亮醇和,清气鲜纯,芳香沁心,以金黄显毫而闻名于世。

米砖

　　米砖产于"中国砖茶之乡"——湖北省赤壁市羊楼洞古镇,所用原料皆为茶末,经筛分、拼料、压制、退砖、拣砖、干燥、包装等工序制成。根据原料和制作工艺的不同,可以分为黑砖茶、花砖茶、茯砖茶、米砖茶、青砖茶和康砖茶等几类。

　　品质特征:成品外形十分美观,棱角分明,表面图案清晰秀丽,砖面色泽乌亮;汤色红浓,香气纯正,滋味醇厚。

遵义红

遵义红主产于贵州省湄潭县，为黔湄系列国家级无性系良种，是在19世纪40年代在湄潭试制成功的黔红的基础上不断改进工艺而形成的名优功夫红茶产品，受到张天福、陈宗懋等茶届泰斗的赞赏。湄潭是中国古老的茶区之一，是遵义市重点茶叶生产基地，"茶圣"陆羽在《茶经》中说："黔中生思州、播州、费州、夷州，往往得之，其味极佳。"抗日战争期间，浙江大学西迁湄潭办学，农林部中央农业试验所和中国茶叶公司在湄潭设立实验茶场，提供茶树栽培、育种、制茶、防病等研究，直接推动了湄潭茶业的发展。

品质特征：条索苗秀，显金毫；茶汤亮丽，呈琥珀色。

尤溪红

尤溪红产自中国十大生态产茶县之一的闽中茶区尤溪县。据史料记载，宋代时尤溪便大面积种植茶树。茶区处于福建腹地，介于戴云山与武夷山之间，昼夜温差大，给尤溪红提供了良好的生长环境。

品质特征：条索紧细露毫有锋苗，色泽乌润披金毫；汤色橙红透亮，清澈有金圈，投茶入壶，叶底舒展后，叶张细小匀齐，芽尖鲜活，叶质幼嫩，秀挺亮丽，叶色呈古铜色，滋味浓醇，香气高纯，清润舒喉。

第三节 青茶（乌龙茶）

乌龙茶是我国的特色茶，产区主要分布在福建、广东和台湾，其加工技术是六大茶类中最复杂的。它结合了红茶和绿茶的制作特点，制作工序既有杀青又有发酵，鲜叶采摘要有一定的成熟度，所以看上去很粗老。

乌龙茶风格独特，汤色橙黄明亮，有花果香，滋味浓醇回甘，叶底有绿叶红镶边的特征。闽北乌龙发酵程度重于闽南乌龙，绿叶红镶边特征更为明显。由于这些优异的品质，20世纪70年代末，乌龙茶在日本和欧美国家风靡一时，日本还率先开发了乌龙茶的灌装饮料。

梅 占

梅占原产于福建省安溪县芦田镇，是无性系繁殖品种，香味独特，品质优良。梅占已有百余年栽培历史，清道光年间开始种植，现遍布福建省的各个主要茶区。

品质特征：外形紧结肥壮稍弯曲，色泽黄褐中略带红色；汤色橙黄明亮，香气浓郁，有花香，滋味醇厚回甘，叶底粗大，长而渐尖，有红点。

凤凰单枞

凤凰单枞产于广东省潮州市潮安县凤凰镇乌岽山。此地濒临东海，气候温暖，雨水充足。茶树均生长于海拔1000米以上的山区，那里终年云雾缭绕，空气湿润，昼夜温差大，土壤肥沃深厚，含有丰富的有机物质和多种微量元素，有利于茶树的发育并形成茶多酚和芳香物质。凤凰山尚存的三千余株单枞大茶树树龄均在百年以上，性状奇特，品质优良，单株高大如榕，每株年产干茶约10千克。单枞茶是在凤凰水仙群体品种中选拔的优良单株茶树，经培育、采摘、加工而成。因成茶香气、滋味的差异，当地习惯将单枞茶按香型分为黄枝香、芝兰香、桃仁香、玉桂香和通天香等。

品质特征：外形紧结呈条形，色泽乌润略带红边；汤色橙黄明亮，香气浓郁持久，有独特的天然花香，滋味浓醇回甘，耐冲泡，叶底肥软，绿叶红边。

福建水仙

福建水仙产于福建省武夷山，始创于清道光年间，到清光绪年间产销量曾达500吨以上，畅销东南亚和美国旧金山等地。据《闽产录异》记载："瓯宁县六大湖，别有叶粗长名水仙者，以味似水仙花故名。"

品质特征：条索卷曲紧结，色泽油润；汤色橙黄明亮，香气浓郁，有兰花香，滋味醇厚，叶底明亮匀整。

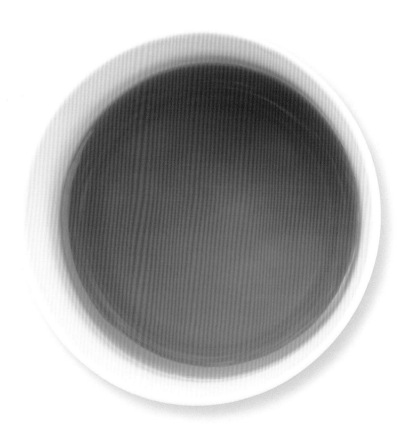

岭头单枞

　　岭头单枞又称"白叶单枞"，产于广东省饶平县坪溪岭头村，品质优异，是广东乌龙茶中的极品。

　　品质特征：外形紧结尚直，色泽黄褐油润；汤色橙黄清澈，香气持久，滋味醇厚回甘，微带蜜香，叶底肥软。

大 红 袍

　　大红袍产于福建省武夷山，是武夷岩茶中品质最优异者，属"武夷四大名枞"之一。"大红袍"名枞茶树生长在武夷山九龙窠高岩峭壁上，岩壁上至今仍保留着1927年天心寺和尚所作的"大红袍"石刻。这里日照短，多漫射光，昼夜温差大，岩顶终年有细泉浸润流淌。大红袍茶树现有六株，都是灌木茶丛，叶质较厚，芽头微微泛红，在阳光照射下，岩光反射，茶树红灿灿的，十分醒目。传说天心寺和尚用九龙窠岩壁上采来的茶叶治好了一位状元的病，这位状元将身上穿的红袍盖在茶树上以示感谢，红袍将茶树染红了，"大红袍"茶名由此而来。

　　品质特征：外形条索紧结，色泽褐红；汤色橙黄明亮，香气馥郁，有兰花香，滋味醇厚回甘，"岩韵"明显，耐冲泡，叶底有典型的绿叶红镶边特征。

铁罗汉

铁罗汉名列"武夷四大名枞"之一，创制历史悠久。对其产地有不同的说法：一说产于武夷山慧苑岩的内鬼洞。茶丛生长于长仅丈许的狭窄缝隙间，两旁为高耸的崖壁，边上有一小涧，水流终年不断，滋润茶丛。一说产于武夷山三仰峰下的竹窠岩，这里也有一小涧，流水潺潺。两处都十分适宜茶树的生长。

品质特征：外形条索紧结，色泽褐红；汤色红润明亮，香气馥郁，"岩韵"突出，滋味醇厚回甘，耐冲泡，叶底粗壮，红绿相映。

白 鸡 冠

白鸡冠与大红袍、铁罗汉、水金龟并称"武夷四大名枞"。白鸡冠得名于它的嫩芽长得鲜绿,在阳光照射下看似白色,而且叶形似鸡冠。白鸡冠成熟老叶呈长椭圆形,叶缘略内卷,叶色浓绿有光泽;其嫩叶薄软,色黄,有光泽,与浓绿老叶形成鲜明的两层色。

品质特征:外形条索紧实,色泽灰褐;汤色橙红,香味悠长,滋味醇厚,叶底嫩匀,红边明显。

水金龟

　　水金龟为"武夷四大名枞"之一。相传早年茶树属武夷山天心寺庙产，植于杜葛寨峰下，后遇大雨，茶树被冲至牛栏坑头之山洼处，岩主遂于此处凿石设阶，壅土以养之。独特的环境，精心的管理，使茶树枝繁叶茂，四季常青。张开的枝叶互相交错，远看似一格格龟纹，油绿的叶子闪闪发光，宛若一只趴着的大龟，因此得名"水金龟"。

　　品质特征：外形紧结，色褐；汤色黄亮，香气幽长，滋味爽滑，叶底嫩匀。

永春佛手

永春佛手原产于福建省安溪县,有百余年历史。因其树姿与叶形似芸香科的佛手和香橼,故得名。佛手茶最早于清康熙年间就引种于永春达埔狮峰山,此后不少文人墨客光临狮峰,品茶吟诗,咏赞佛手茶。

品质特征:外形条索肥壮重实,似牡蛎干状,叶张主脉显,呈淡绿色,梗细小且光滑,色泽乌润有光泽;汤色橙黄或浅金黄,香气悠长,滋味醇厚回甘,叶底波浪状明显。

通天香

通天香产于广东省潮州市，因茶汤滋味甜爽中带有轻微的生姜辣味，又称"姜母香"。冲泡时，香气馥郁，随风飘散，满屋皆香，故被誉为"通天香"。母树生长在凤西大庵村海拔800米处。

品质特征：外形条索紧直，呈黄鳝色；汤色金黄明亮，香气清高，具有自然的姜花香味，滋味醇厚，耐冲泡，叶底肥厚。

黄栀香

　　黄栀香是具有天然栀子花香的优质凤凰水仙茶，产于广东省潮州市，一般生长在海拔600—1200米的高山上，其母株约有一百年的栽培史。

　　品质特征：外形美观，条索紧结较直，色呈褐色，油润且间朱砂点；汤色橙黄，清澈明亮，香气清高持久，滋味醇厚，耐冲泡，叶底肥嫩，绿叶红边。

肉 桂

　　肉桂产于福建省武夷山，是武夷岩茶中的一种。清代蒋衡的《茶歌》对肉桂的独特品质有很高的评价："奇种天然真味好，木瓜微酽桂微辛。何当更续歌新谱，雨甲冰芽次第论。"指出其香极辛锐，具有强烈的刺激感。

　　品质特征：条索紧结卷曲，色泽褐红，部分叶背有青蛙皮状小白点；汤色橙黄清澈，香气辛锐持久，桂皮香明显，滋味醇厚回甘，上等好茶带乳味，叶底黄亮，红边明显。

铁 观 音

　　铁观音原产于福建省安溪县，此地唐代已产茶，至明代产茶渐盛，《安溪县志》有"常乐、崇善等里货(指茶)卖甚多"的记载。铁观音原是茶树品种名，由于它适宜制乌龙茶，其乌龙茶成品遂亦名"铁观音"。所谓铁观音，即以铁观音品种茶树制成的乌龙茶。

　　品质特征：有"美如观音重如铁"之称；汤色金黄明亮，香气馥郁持久，有花香，滋味醇厚甘鲜，叶底肥厚明亮。

黄金桂

　　黄金桂是以黄旦品种茶树嫩梢制成的乌龙茶，因汤色金黄，奇香似桂花，故得名。黄金桂产于福建省安溪县罗岩，为无性系品种。在产区，毛茶多称"黄棪"或"黄旦"，"黄金桂"为成品茶名称。

　　品质特征：成茶条索紧结油润；汤色金黄明亮，香气浓郁，带桂花香，滋味醇厚甘鲜，叶底柔软明亮，绿叶红镶边。

冻顶乌龙

　　冻顶乌龙产于台湾省南投县鹿谷乡。据传，清咸丰五年(1855年)，南投鹿谷乡村民林凤池往福建读书，还乡时带回武夷乌龙茶苗三十六株种于冻顶山等地，逐渐发展成如今的冻顶茶园。冻顶乌龙采自青心乌龙的茶树品种，发酵程度轻。

　　品质特征：外形紧结，色墨绿，呈半球状；汤色金黄明亮，香气浓郁，带花香，滋味醇厚鲜润，叶底褐红细嫩。

文山包种

文山包种为轻度半发酵乌龙茶，产于我国台湾北部的台北市和桃园等县，与冻顶乌龙并称"台湾两大名茶"，素有"北包种，南乌龙"之说。"包种"名的由来：清光绪初年，因向宫廷进贡，当地人将四市两茶叶用两张方形毛边纸包成四方包，以防茶香外溢，外盖茶名及行号印章，光绪帝赐茶名为"包种"。目前台湾所生产的包种茶以台北文山地区所产制的品质最优，香气最佳，所以习惯上称之为"文山包种"。

品质特征：条索紧结，叶尖自然弯曲，茶身呈墨绿色；汤色金黄碧绿，香气清香幽雅似花香，滋味甘醇，叶底黄绿。

白毫乌龙

　　白毫乌龙产于我国台湾，制作工艺与闽北乌龙相似，选用一芽一叶或一芽二叶白毫明显的初层鲜叶作原料，通过重萎凋、重摇青与热发酵等过程，有效地利用和控制酶的活性，形成其独特的品质。

　　品质特征：条索紧卷，白毫明显；汤色金黄红艳，色呈鲜红、橘红。既有乌龙茶之香味，滋味醇厚，又有红茶之风格，略带甜香、蜜香，叶底肥厚软亮。

水仙茶饼

水仙茶饼产于福建省，又名"纸包茶"，系用水仙品种茶树鲜叶，按闽北水仙加工工艺，经木模压制而成的一种方饼形的乌龙茶。

品质特征：外形见方，扁平，色泽乌褐油润；汤色深褐似茶油，香气清新高长，滋味醇厚，叶底黄亮显红边。

毛 蟹

毛蟹原产于福建省安溪县福美村大丘仑，为无性系品种。《茶树品种志》（1979年出版，福建省农业科学院茶叶研究所编著，74页）载："据萍州村张加协（1957年七十一岁）云：清光绪三十三年（1907年）我外出买布，路过福美村大丘仑高响家，他说有一种茶，生长速度快，栽后二年即可采摘，我遂带回一百多株，栽于自家茶园。由于产量高，品质好，毛蟹就在萍州附近传开。"

品质特征：茶条紧结，梗圆形，头大尾尖，芽叶嫩，多白色茸毛，色泽褐黄绿，尚鲜润；茶汤青黄或金黄色，叶底叶张圆小，中部宽，头尾尖，锯齿锐利，叶稍薄，主脉稍浮现，滋味清纯略厚，香气清高，略带茉莉花香。

奇兰

奇兰属乌龙茶类，主产于福建省。产地气候温和，土壤深厚肥沃。

品质特征：外形条索细瘦，叶蒂小，叶肩窄，枝身较细，色泽黄绿、乌绿；汤色清黄、橙黄，香气清高，似兰花香、桃仁味，滋味清纯甘鲜，叶底叶脉浮白，稍带白龙骨，叶身头尾尖如梭，叶面清秀。

白芽奇兰

白芽奇兰主产于福建省平和县。相传明成化年间，开漳圣王陈元光第二十八代嫡孙陈元和在福建平和境内发现一株茶树，因芽梢呈白绿色，带有兰花香气，故名"白芽奇兰茶"。若干年以后，白芽奇兰茶成为平和县农业部门科技人员从地方茶树群体品种中单株选育成功的珍稀乌龙茶良种。由于白芽奇兰茶的产地在海拔800米处，茶树病虫害少，又采用中国传统制作工艺，所以它既符合人们的饮茶习惯，又有保健功效。

品质特征：外形紧结匀整，色泽翠绿油润；汤色杏黄，清澈明亮，香气清高持久，兰花香味浓郁，滋味醇厚，鲜爽回甘，叶底肥软。

第四节 白茶

白茶性清凉，有退热降火、治热毒病的功效，糖类和氨基酸含量较高，汤色呈浅杏黄色，香气清鲜。白茶主产于福建省，加工工艺独树一帜，基本上是自然天成，在一定温度和湿度下自然萎凋至全干，或萎凋至八九成干后再烘干。外表满披银毫，呈灰白色，故称"白茶"。品种很少，只有三五个花色，有绿叶夹银毫形如花朵的白牡丹，有针形的白毫银针，还有寿眉、贡眉等。

白 牡 丹

白牡丹产于福建省东北部山区，呈枯萎花瓣状的翠绿叶片中夹银白毫心，故名"白牡丹"。据《建瓯县志》载："白毫茶出西乡、紫溪二里……广袤约三十里。"1922年政和县开始产制白牡丹，成为白牡丹主产区。20世纪60年代初，松溪县曾一度盛产。现在白牡丹产区分布在政和、松溪、建阳、福鼎等县。白牡丹作为福建特产，主销我国港澳地区及东南亚国家，有退热消暑之功效，为夏日佳饮。

品质特征：叶表颜色浅翠，叶背满披白色茸毛，有"青天白地"之称；汤色杏黄明亮，香气清鲜，滋味清甜爽口，叶底肥嫩成朵。

白毫银针

　　白毫银针产于福建省，主要集中在福鼎、政和两地，是白茶品种中的极品，创制于1889年，在清光绪十六年（1891年）已外销，近年仍销往我国港澳地区及美国、德国等。白毫银针有很高的药用价值，其性寒凉，具退热、降火、解毒之功效，有"功若犀角"之誉。

　　品质特征：外形芽头肥壮，白毫密披，色泽银灰；汤色杏黄明亮，香气浓郁，滋味醇厚回甘，叶底肥壮匀齐。

寿 眉

　　寿眉主产区在福建省建阳县，建瓯、浦城等县也有生产，产量占白茶总产量的一半以上。寿眉采摘标准为一芽二叶或一芽三叶，要求含有嫩芽、壮芽，初、精制工艺与白牡丹基本相同。

　　品质特征：茶芽完整，形态自然，白毫显露，色泽翠绿；汤色橙黄或深黄，香气清鲜，滋味醇厚，叶底匀整柔软，叶张主脉迎光透视呈红色。

第五节　黄茶

　　黄茶品种不多，只有安徽、四川、浙江、湖南和湖北几个茶区生产，产量也少。黄茶加工的关键工序是闷黄，多酚类化合物在湿热作用下自动氧化，形成黄叶黄汤的品质特征。根据细嫩程度的不同，黄茶分为黄小茶和黄大茶。四川的蒙顶黄芽、湖南的君山银针、安徽的霍山黄芽属于黄小茶；黄大茶较粗老，由一芽四五叶的鲜叶制成，销路不好，产量逐渐减少。有些茶区的黄茶目前已完全采用绿茶制法，并无闷黄工序，如浙江的莫干黄芽，实质上为绿茶。

蒙 顶 黄 芽

　　蒙顶黄芽产于四川省邛崃山脉之中的蒙山。蒙山产茶距今已有两千多年历史。蒙顶茶自唐开始直至明、清皆为贡茶，是我国历史上最有名的贡茶之一。蒙顶茶品名有甘露、石花、黄芽、竹芽、万春银叶、玉叶长春等。20世纪50年代初以生产黄芽为主，称"蒙顶黄芽"，近来以生产甘露等为多，但蒙顶黄芽仍有生产，为黄茶类名优茶中的珍品。

　　品质特征：外形扁平挺直，嫩黄油润，全芽披毫；汤色嫩黄明亮，甜香浓郁，滋味甘醇，叶底黄亮。

霍山黄芽

霍山黄芽为我国名茶之一，产于安徽省霍山县，司马迁《史记》记述："寿春之山（霍山曾隶属寿州，故称寿春之山）有黄芽焉，可煮而饮，久服得仙。"唐李肇《唐国史补》把黄芽列为十四品目贡茶之一。自唐至清，霍山黄芽都被列为贡茶。

品质特征：外形挺直微展，匀齐成朵，形似雀舌，嫩黄披毫；汤色黄绿清澈，香气持久，滋味鲜醇回甘，叶底嫩黄明亮。

莫干黄芽

　　莫干黄芽产于浙江省德清县莫干山，晋代佛教盛行时，即有僧侣于莫干山结庵种茶。清乾隆《武康县志》载："莫干山有野茶、山茶、地茶，有雨前茶、梅尖，有头茶、二茶，出西北山者为贵。""西北山"即莫干山主峰塔山。清道光《武康县志》载："茶产塔山者尤佳，寺僧种植其上，茶吸云雾，其芳烈十倍。"

　　品质特征：外形紧细多毫，色泽绿润微黄；汤色黄绿清澈，香气清新幽雅，滋味鲜爽醇厚，叶底细嫩成朵。

君山银针

　　君山银针产于湖南省岳阳市君山,始创于唐代,清代纳入贡茶,属于黄茶类针形茶,有"金镶玉"之称。冲泡时茶芽悬立于杯中,极为美观。

　　品质特征:外形肥壮、挺直、匀齐,满披茸毛,色泽金黄光亮;汤色浅黄明亮,香气清鲜,似嫩玉米香,滋味醇和甘爽,叶底黄绿匀齐。

沩山毛尖

　　沩山毛尖产于湖南省宁乡县水沩山的沩山乡。此地为高山盆地，自然环境优越，茂林修竹，奇峰峻岭，溪河环绕，常年云雾缭绕，罕见天日，素有"千山万山朝沩山，人到沩山不见山"之说。这里年均降雨量达1670毫米，气候温和，光照少，空气相对湿度在80%以上，茶园土壤为板页岩发育而成的黄壤，土层深厚，腐殖质丰富，茶树久受甘露滋润，不受寒暑侵袭，根深叶茂，芽肥叶壮。

　　品质特征：外形微卷呈块状，色泽黄亮油润，白毫显露；汤色橙黄透亮，松烟香气芬芳浓郁，滋味甘醇爽口，叶底黄亮嫩匀。

霍山黄大茶

　　霍山黄大茶以大枝大叶的外形为特点，属黄茶，亦称"皖西黄大茶"。茶区海拔400米以上，云雾多，雨量充沛，空气湿度大，植被覆盖率达76%以上，土壤疏松，土质肥沃，pH值4.5—6，生态条件良好，适宜茶树生长。

　　品质特征：外形梗壮叶肥，叶片成条，梗叶相连，似钓鱼钩，金黄显褐，色泽油润；汤色深黄显褐，叶底黄中显褐，滋味醇厚，有焦香。

第六节　黑茶

　　黑茶主销西藏、内蒙古、新疆等边疆地区,过去称"边销茶"。少数民族地区饮食以肉食为主,黑茶可以去油腻、助消化,对他们来说,"宁可一日无粮,不可一日无茶"。

　　黑茶具有保健功用,品质特征为:外形乌润,汤色褐黄或褐红,香气有樟木香、槟榔香,滋味醇厚不涩,叶底黄褐粗老。黑茶加工要求鲜叶有一定的成熟度,一般为一芽三四叶或一芽五六叶。黑茶耐藏,品质越陈越优,药理作用也越好。

　　黑茶种类很多,有湖南的茯砖、湖北的青砖、广西的六堡茶和云南的普洱茶等。其加工过程中的特色工序是渥堆,就是揉捻后将湿坯堆积发酵,经过一段时间,待多酚类物质氧化后,一方面使鲜叶的绿色退变成黄褐色,另一方面可以去除涩味,使滋味醇厚。

普洱散茶

　　普洱茶主产于云南省普洱市,以晒青茶为原料,经泼水堆积发酵而成,是云南特有的地方名茶。

　　品质特征:条索紧结肥大,色泽乌润或褐红(俗称"猪肝色");汤色呈栗红色,有独特的陈香,滋味醇厚回甘,叶底匀整。

安化黑砖

　　安化黑砖产于湖南省安化县白沙溪，创制于明嘉靖三年（1524年），明末已畅销西北少数民族地区，并取代四川黑茶的地位，成为茶马互市交易中的主供品种。

　　品质特征：外形为长方砖形，每片重2千克，砖面黑褐，平整紧结，花纹清晰；汤色褐黄微暗，香气纯正，滋味浓厚微涩。

千 两 茶

千两茶产于湖南省安化县境内，以高家溪、马家溪两地茶叶品质最佳。

品质特征：千两茶重约37千克，老秤十六两为0.5千克，故曰"千两"。茶叶以蓼叶包裹，外包棕片，再用竹篾捆压箍紧，呈圆柱形。其色如铁，金花茂密；汤色橙黄明亮似桐油，沉香馥郁，滋味醇厚绵长。

百 两 茶

百两茶产于湖南省安化境内，以高家溪、马家溪两地茶叶品质最佳。

品质特征：重约3.8千克，与千两茶为同一系列，品质特征相同。

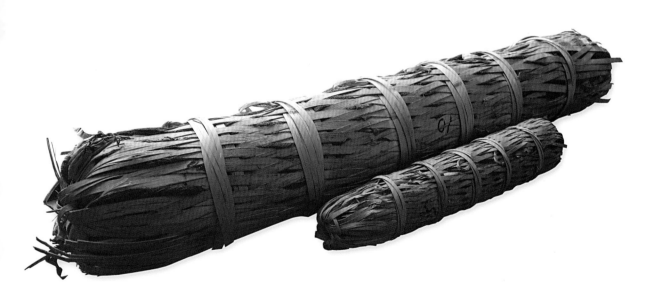

七 子 饼 茶

七子饼茶产于云南省西双版纳地区，现主要由勐海县生产，昆明、景东、大理等地也有生产。包装时每桶装七块，每块直径20厘米，重约七两，因此称"七子饼茶"。

品质特征：外形圆整，洒面均匀显毫，色泽黑褐油润；汤色栗红明亮，陈香馥郁，滋味醇厚回甘。

六 堡 茶

六堡茶产于广西壮族自治区苍梧县、横县、岭溪等地，因原产于苍梧县六堡乡而得名，清嘉庆年间因其独特的槟榔香味被列为全国名茶。

品质特征：外形条索尚紧，色泽黑褐油润，茶叶中有金花，即金黄霉菌，能分泌多种酶，加速内含物质的转化，形成特殊风味；汤色红浓明亮，香气纯正，滋味醇厚，有松烟味和槟榔味。

康 砖

康砖主产于四川省雅安和乐山等地。康砖和金尖是四川南路边茶的两大花色品种，康砖每块净重0.5千克。

品质特征：外形为圆角枕形，表面平整、紧实，洒面明显，色泽呈棕褐色；汤色红浓，香气纯正，滋味醇厚。

金尖

金尖产于四川省雅安、宜宾等地，加工方法与康砖相同，原料品质略次于康砖，每块净重2.5千克。

品质特征：外形为圆角枕形，色泽棕褐；汤色红亮，香气平和，滋味醇厚。

青 砖

    青砖产于湖北省蒲圻、咸宁、通山、崇阳、通城等县，以老青茶为原料压制而成。清代在蒲圻羊楼洞生产，因此又称"洞砖"，近代移至赵李桥茶厂集中加工压制。

    品质特征：外形为长方砖形，棱角分明，色泽青褐，表面有川字图案；汤色褐黄，香气纯正，无粗老气，滋味尚浓，无青气。

茯 砖

　　茯砖产于湖南省，早期称为"湖茶"，因在伏天加工，故又称"伏茶"。

　　品质特征：外形为长方砖形，砖面色泽黑褐，花纹图案清晰，棱角分明，厚薄一致，砖内有金黄色霉菌，俗称"金花"；汤色红黄明亮，香气纯正，干嗅有黄花清香，滋味醇厚。

竹 筒 茶

竹筒茶产于云南省，系将杀青、揉捻后的茶叶装在竹筒中慢慢烘干而成。

品质特征：外形为圆柱形，色泽深褐；汤色黄绿，香气馥郁，有竹香，滋味鲜爽甘醇。

普 洱 方 茶

　　普洱方茶产于云南省，是以晒青绿茶为原料蒸压而成，清代被列为贡茶，皇帝赐给臣子们的礼物中也常有普洱方茶。

　　品质特征：方块形茶饼，表面印制"普洱方茶"字样，色泽乌润；汤色褐黄，香气浓厚甘爽，滋味醇厚。

沱茶

    沱茶产于云南、重庆等地，明万历年间已有关于沱茶的记载。沱茶有两种：一是以细嫩的晒青毛茶为原料蒸压而成，又叫"姑娘茶"；一是以普洱茶压制而成。

    品质特征：外形紧结，呈中间下凹形，色泽暗绿乌润；汤色橙黄明亮，有陈香，滋味醇厚回甘。

安化花砖

安化花砖产于湖南省安化县，花砖历史上叫"花卷"，因一卷茶净重合老秤一千两，又称"千两茶"。"花砖"的名称由来，一是由卷形改砖形，一是砖面四边有花纹，以示与其他砖茶的区别。

品质特征：砖面色泽黑褐；汤色红黄，香气纯正，滋味浓厚微涩，叶底老嫩匀称。

茉莉花

第七节　花茶

　　花茶既保持了茶叶固有的品性滋味，又吸收了鲜花的芳香，故有"名茶香花，相互为用"；"茶引花香，以益茶味"之说。浓郁芬芳的鲜花香气与醇厚甘爽的茶味融为一体，沁人心脾。

　　中国目前主要花茶种类有：茉莉花茶、珠兰花茶、玫瑰花茶、白兰花茶等，其中以茉莉花茶和珠兰花茶产量最高。花茶的品质要求花香鲜灵持久、纯正；花与茶香味调和，香气清雅芬芳，不闷不浊，滋味醇厚鲜爽，不苦不涩。花茶的品质特征因窨花所用茶坯和香花的种类不同而各异，外形略显松散、短钝，茶汤色泽稍深，香气主要来自鲜花香型，滋味醇和，高档窨花茶中很少混有香花的片末。

栀子花

金银花

玳玳花

白兰花

桂花

玫瑰红茶

　　玫瑰红茶产于山东、浙江、江苏等地，采用红茶与玫瑰花茶共同窨制，有红茶的甜香味，也有玫瑰花香。

　　品质特征：外形匀净；汤色红亮，甜香扑鼻，香气浓郁，滋味甘美，叶底红亮。优质花茶经窨制后已剔除花瓣。

茉莉花茶

    茉莉花茶产于浙江、江西、湖南等地，采用含苞待放的茉莉鲜花和烘青绿茶一起窨制，一般窨制三至七次，每次都要更换新鲜的茉莉花，茶叶才能充分吸收花的香气。窨制完成以后，就要筛出花渣，因为花渣被吸收香气后已没有提香功能。

    品质特征：条索自然卷曲，芽身披毫；汤色淡黄，清澈明亮，香气芬芳，鲜而不浊，香而不浮，滋味醇厚可口，叶底匀齐。

茉莉珍珠

　　茉莉珍珠产于浙江、江苏一带, 属于工艺花茶, 是先将茶叶加工成珠状茶坯, 再掺入茉莉花茶, 经多次窨制而成。

　　品质特征: 外形颗粒似珍珠, 整齐匀净; 汤色明亮, 香气芬芳, 滋味醇厚回甘, 叶底肥壮。

兰花茶

兰花茶产于四川省成都地区,原料精选三百年以上高山茶树的明前单芽与野生名兰,采用传统窨花技术和现代制茶工艺精制而成,珍贵罕有,是资深兰花专家和茶学专家经过十年潜心研究,创新而成的高档花茶品种。每一杯茶冲泡后,都有一朵翩翩起舞的兰花;既有芬芳优雅的兰花幽香,又有醇爽甘美的茶味。

品质特征:茶芽如雨后春笋,悠然而立,一朵兰花翩翩起舞;茶汤黄绿明亮,滋味醇厚,满室生香。

兰花茶干茶(四川花秋茶业公司 供图)

兰花茶茶汤(四川花秋茶业公司 供图)

腊梅花茶

　　腊梅花茶产于四川省,特选邛崃花楸山的高山有机绿茶与冬日腊梅鲜花,采用特别的窨制工艺加工而成。性湿润,有顺气散瘀、清火润肺、解暑生津之功效。夏日以冰水泡腊梅花茶,风味独特,滋味更佳。

　　品质特征:茶色淡雅,花香清幽,富含龙涎香、芳樟醇;茶汤黄绿明亮,回味鲜爽甘醇,在炎炎夏日冲泡饮用,别有一番风味。

腊梅花茶茶汤（四川花秋茶业公司　供图）

腊梅花茶干茶（四川花秋茶业公司　供图）

冰水泡腊梅花茶

第八节 造型茶

黄山绿牡丹

金瓜茶

葫芦青

各种造型茶

锦上添花

茉莉荔枝

海贝吐珠

工艺造型花茶 "鸾凤和鸣"

工艺造型花茶"星语心愿"

第九节 古茶样

明代古茶样

1987年出土于福建卢维桢墓中。卢维桢,明万历年间曾任工部、户部侍郎。这批古茶样是目前发现的有确切纪年的最早的茶样,出土时盛在"时大彬"款紫砂壶中,现由中国茶叶博物馆收藏。

瑞典"哥德堡号"沉船茶样

"哥德堡号"船航行于瑞典哥德堡与广州之间,主要从事茶叶、丝绸、瓷器和香料贸易,1745年9月12日在驶进哥德堡港口时沉没,船上载有370吨茶叶,后打捞出大量茶叶。中国茶叶博物馆收藏的沉船茶样有两批,分别为前国务院副总理田纪云转赠及瑞典驻上海大使馆赠送。

清代"向质卿造"宫廷砖茶

　　属于普洱茶砖，茶砖一面印有阳文"向质卿造"字样，另一面印有满文，长12.3厘米，宽12.3厘米，高3.5厘米，重约0.25千克。中国茶叶博物馆收藏。据考证，向质卿为清光绪初年西双版纳六大茶山之一易武的同兴号茶庄主人。

清代"清源"砖茶

　　砖茶长5厘米，宽2.5厘米，高1.5厘米，产于福建一带，有近百年历史，加工时掺入香料，至今还有香气。中国茶叶博物馆收藏。

清 代 贡 茶

　　此茶样为绿茶，原封存于清刻花锡茶罐内，为清光绪年间的贡品。中国茶叶博物馆收藏。

清 代 "素 心" 茶

　　1990年出土于福建漳浦县，墓主蓝国威是清康熙六十年（1721年）贡生。墓中出土一锡茶罐，罐内装满茶叶，内有小纸条，墨书"素心"二字。

参考书目

陈宗懋主编《中国茶经》，上海文化出版社，1993.3

阮浩耕、沈冬梅、于良子校点注释《中国古代茶叶全书》，浙江摄影出版社，1999.1

吴觉农著《茶经述评》，中国农业出版社，2005.3

施海根主编《中国名茶图谱·绿茶篇》，上海文化出版社，1995.5

李伟著《信阳毛尖》，中原农民出版社，2005.4

沈培和、张育松等著《茶叶审评指南》，中国农业大学出版社，1998.7

毛祖法著《浙江名茶》，上海科学技术出版社，1998.1

农业部全国农业技术推广总站编《中国名优茶选集》，中国农业出版社，1994.5

庄晚芳、孔宪乐著《饮茶漫谈》，中国财政经济出版社，1981.11

阮浩耕、王建荣等著《中国茶艺》，山东科学技术出版社，2001.12

中国茶叶博物馆编《图说中国茶艺》，浙江摄影出版社，2005.5

王建荣、周文劲著《茶艺百科》，浙江摄影出版社，2005.8

安徽农学院编著《制茶学》，中国农业出版社，1979.11

石昆牧著《经典普洱名词释义》，云南科技出版社，2007.1

农业部优质农产品开发服务中心主编《中国名优绿茶图鉴》，浙江大学出版社，2005.8

主　编　王建荣　周文劲

副主编　乐素娜

编　委　姚晓燕

责任编辑　王文元

装帧设计　融象设计工作室

摄　　影　邱东皓

责任校对　王莉

责任印制　朱圣学

图书在版编目(CIP)数据

中国名茶图典 ： 典藏版 / 中国茶叶博物馆编著. —
杭州 ： 浙江摄影出版社，2014.1(2015.3重印)

　ISBN 978-7-5514-0536-2

　Ⅰ．①中… Ⅱ．①中… Ⅲ．①茶谱—中国—图集
Ⅳ．①TS272.5-64

中国版本图书馆CIP数据核字(2013)第299490号

中国名茶图典（典藏版）

中国茶叶博物馆 编著

全国百佳图书出版单位

浙江摄影出版社出版发行

　　　　　地址：杭州市体育场路347号

　　　　　邮编：310006

　　　　　网址：www.photo.zjcb.com

　　　　　电话：0571-85151225

经销：全国新华书店

制版：浙江新华图文制作有限公司

印刷：浙江海虹彩色印务有限公司

开本：787×1092　1/16

印张：17.5

2014年1月第1版　　2015年3月第2次印刷

ISBN 978-7-5514-0536-2

定价：90.00元